稻渔综合种养新模式新技术系列丛书

全国水产技术推广总站 ◎ 组编

稻小龙虾综合种养

技术模式与案例

马达文 ◎ 主编

中国农业出版社

北 京

图书在版编目（CIP）数据

稻小龙虾综合种养技术模式与案例／全国水产技术
推广总站组编；马达文主编 . —北京：中国农业出版
社，2019.11
（稻渔综合种养新模式新技术系列丛书）
ISBN 978 - 7 - 109 - 25218 - 9

Ⅰ．①稻…　Ⅱ．①全…②马…　Ⅲ．①稻田-龙虾科
-淡水养殖　Ⅳ．①S966.12

中国版本图书馆 CIP 数据核字（2019）第 017541 号

中国农业出版社出版

地址：北京市朝阳区麦子店街 18 号楼
邮编：100125
责任编辑：王金环　策划编辑　郑　珂
版式设计：杜　然　责任校对：吴丽婷
印刷：中农印务有限公司
版次：2019 年 11 月第 1 版
印次：2019 年 11 月北京第 1 次印刷
发行：新华书店北京发行所
开本：880mm×1230mm　1/32
印张：4.75　　插页：4
字数：156 千字
定价：25.00 元

稻渔综合种养新模式新技术系列丛书

丛书编委会

顾　问　桂建芳

主　编　肖　放

副主编　刘忠松　朱泽闻

编　委　（按姓名笔画排序）

丁雪燕　马达文　王祖峰　王　浩　邓红兵

占家智　田树魁　白志毅　成永旭　刘　亚

刘学光　杜　军　李可心　李嘉尧　何中央

张海琪　陈　欣　金千瑜　周　剑　郑怀东

郑　珂　孟庆辉　赵文武　奚业文　唐建军

蒋　军

稻渔综合种养新模式新技术系列丛书

本书编委会

主　编　马达文

副主编　韩　枫

编　者　马达文　韩　枫　程建平　汪本福
　　　　李　健　王淑娟

丛 书 序

    21世纪以来，为解决农民种植水稻积极性不高以及水产养殖病害突出、养殖水域发展空间受限等问题，在农业农村部渔业渔政管理局和科技教育司的大力支持下，全国水产技术推广总站积极探索水产养殖与水稻种植融合发展的生态循环农业新模式，农药化肥、渔药饲料使用大幅减少，取得了水稻稳产、促渔增收的良好效果。在全国水产技术推广总站的带动下，相关地区和部门的政府、企业、科研院校及推广单位积极加入稻渔综合种养试验示范，随着技术集成水平不断提高，逐步形成了"以渔促稻、稳粮增效、质量安全、生态环保"的稻渔综合种养新模式。目前，已集成稻-蟹、稻-虾、稻-鳖、稻-鲤、稻-鳅五大类19种典型模式，以及20多项配套关键技术，在全国适宜省份建立核心示范区6.6万公顷，辐射带动133.3万公顷。稻渔综合种养作为一种具有稳粮促渔、提质增效、生态环保等多种功能的现代生态循环农业绿色发展新模式，得到各方认可，在全国掀起了"比学赶超"的热潮。

    "十三五"以来，稻渔综合种养发展进入快速发展的战略机遇期。首先，从政策环境看，稻渔综合种养完全符合党的十九大报告提出的建设美丽中国、实施乡村振兴战略的大政方针，以及农业供给侧改革提出的"藏粮于地、藏粮于技"战略的有关要求。《全国农业可持续发展规划（2015—2030 年）》等均明确支持稻渔综合种养发展，稻渔综合种养的政策保障更有力、发展条件更优。其次，从市场需求看，随着我国城市化步伐加快，具有消费潜力的群体不断壮大，对绿色优质农产品的需求将持续增大。最后，从资源条件看，我国适宜发展综合种养的水网稻田和冬闲稻田面积据估算有 600 万公顷以上，具有极大的发展潜力。因此可以预见，稻渔综合种养将进入快速规范发展和大有可为的新阶段。

为推动全国稻渔综合种养规范健康发展，推动 2018 年 1 月 1 日正式实施的水产行业标准《稻渔综合种养技术规范　通则》的宣贯落实，全国水产技术推广总站与中国农业出版社共同策划，组织专家编写了这套《稻渔综合种养新模式新技术系列丛书》。丛书以"稳粮、促渔、增效、安全、生态、可持续"为基本理念，以稻渔综合种养产业化配套关键技术和典型模式为重点，力争全面总结近年来稻田综合种养技术集成与示范推广成果，通过理论介绍、数据分析、良法推荐、案例展示等多种方式，全面展示稻田综合种养新模式和新技术。

这套丛书具有以下几个特点：①作者权威，指导性强。从全国遴选了稻渔综合种养技术推广领域的资深专家主笔，指导性、示范性强。②兼顾差异，适用面广。丛书在介绍共性知识之外，精选了全国各地的技术模式案例，可满足不同地区的差异化需求。③图文并茂，实用性强。丛书编写辅以大量原创图片，以便于读者的阅读和吸收，真正做到让渔农民"看得懂、用得上"。相信这套丛书的出版，将为稻渔综合种养实现"稳粮增收、渔稻互促、绿色生态"的发展目标，并作为产业精准扶贫的有效手段，为我国脱贫攻坚事业做出应有贡献。

这套丛书的出版，可供从事稻田综合种养的技术人员、管理人员、种养户及新型经营主体等参考借鉴。衷心祝贺丛书的顺利出版！

中国科学院院士

2018 年 4 月

前　言

　　稻小龙虾综合种养起源于湖北省，成功于湖北省。湖北省水产科技人员经过 10 余年的探索、创新和发展，建立和完善了稻小龙虾综合种养技术，推动了小龙虾产业的迅猛发展。目前，以湖北省为代表的许多地方，已形成集科研示范、良种选育、苗种繁殖、健康养殖、加工出口、餐饮服务、冷链物流、精深加工等于一体的小龙虾产业化格局，产业链条十分完整。小龙虾产业成为长江流域和淮海流域地方农业经济的支柱产业和特色产业。

　　小龙虾学名 *Procambarus clarkii*，中文名克氏原螯虾，英文名 red swamp crayfish，是淡水螯虾家族中的一个中小型种类。因其形态与海水龙虾相似，在国际上又被称为淡水龙虾 (freshwater lobster) 或淡水螯虾 (freshwater crayfish)。小龙虾原产于美国东南部，1918 年日本的本州岛从美国引进小龙虾作为饲养牛蛙的饵料。20 世纪 30 年代小龙虾从日本传入我国。随着小龙虾自然种群的扩张和人工养殖的开展，小龙虾现已成为我国淡水虾类中的重要资源，广泛分布于东北、华北、西北、西南、华东、华中、华南的 20 多个省、自治区、直辖市。

　　由于小龙虾肉质细嫩，风味独特，加上它重要的食疗价值，以及湖北潜江的"油焖大虾"与江苏盱眙的"十三香小龙虾"等名菜的引领，全国掀起了小龙虾"红色风暴"，小龙虾成为各大酒店和市民餐桌上的美味佳肴。近年来，小龙虾的市场价格不断攀升，养殖小龙虾的效益十分显著，小龙虾产业已经成为最具特色、链条最为完整、一二三产业融合发展最好的淡水养殖产业之一。

纵观我国小龙虾产业的发展历程，大致可分为三个阶段：一是20世纪90年代捕捞野生虾加工出口的起始阶段；二是21世纪初，顺应市场需求开展池塘和稻田养殖（"虾稻连作"）的初级阶段；三是2010年后"虾稻生态种养技术集成与示范"项目的成功实施，推动小龙虾养殖进入产业化发展阶段。目前，小龙虾已经成为我国水产业中发展迅猛、极具产业特色、前景广阔的养殖品种，许多地区都在大力推动发展，小龙虾产业呈现出良好的发展态势。

为促进我国稻小龙虾综合种养产业持续健康发展，满足稻小龙虾综合种养从业者的技术需求，笔者在10多年从事稻小龙虾综合种养研究与生产实践的基础上，参阅了大量文献资料，编写了这本《稻小龙虾综合种养技术模式与案例》，期望该书成为广大稻小龙虾综合种养从业者和广大水产科技工作者的助手。

本书在编写过程中，力求语言精练、通俗易懂，但小龙虾毕竟是近年来开发的养殖新品种，加之时间仓促且笔者水平有限，书中难免有不妥甚至错误之处，诚恳广大读者批评指正。

编　者

2019年5月

目 录

第一章

概　述

　　小龙虾，学名 *Procambarus clarkii*，英文名称 red swamp crayfish（红沼泽螯虾），是淡水螯虾家族中的一个中小型种类。因其形态与海水龙虾相似，在国际上又被称为淡水龙虾（freshwater lobster）或淡水螯虾（freshwater crayfish），在我国广泛而通俗地被称为小龙虾。小龙虾的生存能力非常强，除了亚洲之外，欧洲和非洲也有分布，因此成为了世界许多地方的美食。在欧洲及非洲国家，还有澳大利亚、加拿大、新西兰和美国，都有人食用。美国的路易斯安那州号称生产了世界上 90％的小龙虾，而当地人就吃了其中的七成。

　　小龙虾原产于美国东南部，1918 年日本的本州岛从美国引进小龙虾作为饲养牛蛙的饵料。20 世纪 30 年代小龙虾从日本传入我国。随着小龙虾自然种群的扩张和人类养殖活动的开展，小龙虾现已成为我国淡水虾类中的重要资源，广泛分布于东北、华北、西北、西南、华东、华中、华南的 20 多个省、自治区、直辖市。

　　由于小龙虾肉质细嫩，风味独特，加上它重要的食疗价值，以及湖北潜江的"油焖大虾"与江苏盱眙的"十三香小龙虾"等名菜的引领，全国掀起了小龙虾"红色风暴"，小龙虾成为各大酒店和市民餐桌上的美味佳肴。近年来，小龙虾的市场价格不断攀升，养殖小龙虾的效益十分显著，小龙虾产业已经成为最具特色、链条最为完整、一二三产业融合发展最好的淡水养殖产业之一。小龙虾产业具有广阔的发展前景，是一个发家致富的好产业。如今，除了广大种养大户和专业合作社之外，许多工商资本也进军到稻小龙虾产业之中。

纵观我国小龙虾产业的发展历程，大致可分为三个阶段：一是20世纪90年代捕捞野生虾加工出口的起始阶段；二是21世纪初，顺应市场需求开展池塘和稻田养殖（"虾稻连作"）的初级阶段；三是2010年后"虾稻生态种养技术集成与示范"项目的成功实施，虾稻综合种养技术得到大面积推广应用，推动小龙虾养殖进入产业化发展阶段。目前，小龙虾已经成为我国水产业中发展迅猛、极具产业特色、前景广阔的养殖品种，许多地区都在大力发展，呈现出良好的发展态势。

第一节　稻小龙虾综合种养的内涵

所谓稻小龙虾综合种养技术，是指运用生态经济学原理和稻鱼共生理论，对稻田实施工程化改造，人为构建"稻-虾"共生互促系统，使稻田里既能种植水稻又能同时养殖小龙虾的技术。该技术充分发挥物种间互利共生的作用，可促进物质循环和能量流动，能实现水稻稳产、水产品产量增加、经济效益提高、农药化肥施用量显著减少。稻小龙虾综合种养是一种具有稳粮、促渔、提质、增效、生态、环保等多种功能的生态循环农业发展模式。

目前，稻小龙虾综合种养主要有三种模式，①"虾稻连作"模式：一稻一虾，即6—9月种一季稻，10月至第二年5月养一季小龙虾，每亩①效益1 500元以上；②"虾稻连作＋共作"模式：一稻二虾，即6—9月种一季水稻同时养一季小龙虾，10月至第二年5月养一季小龙虾，每亩效益3 000元以上；③"鳖虾鱼稻共作"模式：在一年内，稻田可生产一季虾、一季稻、一季鳖，使稻田一收变三收，产品均为绿色食品或有机食品，每亩效益可达万元以上。

所谓"虾稻连作"（即小龙虾与中稻连作），是指在中稻田里种一季中稻后，接着养一季小龙虾的种养模式。具体就是每年的8—9月中稻收割前投放亲虾，或9—10月中稻收割后投放幼虾，第二

_____

① 亩为非法定单位，15亩＝1公顷。下同。——编者注

年的4月中旬至5月下旬收获成虾，5月底至6月初整田、插秧，如此循环轮替的过程。

所谓"虾稻连作＋共作"（简称为"虾稻共作"），是利用农业生态学原理构建稻田"稻-虾"共生系统，通过人为种植、养殖、施肥、水位调控和留种、保种等配套措施，实现小龙虾在稻田中的自繁、自育、自养和系统生产力的提高。具体来讲，就是每年的8—9月中稻收割前投放亲虾，或3月下旬至4月上旬投放幼虾，第二年的4月中旬至5月下旬收获成虾，5月底至6月初整田、插秧，8—9月收获亲虾或商品虾，如此循环轮替的过程。

所谓"鳖虾鱼稻共作"，即运用生态经济学原理和现代生物技术手段，构建稻田鳖虾鱼稻共生系统，选用优质水稻品种与鳖、小龙虾、鲢和鳙等水生动物混养。利用小龙虾的摄食与活动实现秸秆还田；利用鳖的摄食与活动清除杂草、疏松土壤；鳖和小龙虾的排泄物为水稻提供优质的有机肥料；利用鲢、鳙及螺蚌清洁水质，同时为鳖和小龙虾提供优质的天然饵料。稻田生态环境适合上述水生动物的生活习性，使它们能在稻田中健康生长；通过水生动物捕食和调节稻田水位来控制水稻虫害，结合频振杀虫灯的使用，实现水稻病虫害的绿色防控，减少化肥和农药的使用；通过物质循环利用，使稻田生态系统的结构和功能得到优化，从而实现"全年候生产和全生态种养"。

以上三种稻小龙虾综合种养模式，形成了现在全国大养虾的格局，但现在也出现了一个问题，即稻田中养殖的小龙虾商品规格不大。笔者经过研究后认为，小龙虾产业要由"大养虾"向"养大虾"发展。

第二节　稻小龙虾综合种养的发展意义

我国的稻小龙虾综合种养已经进入产业化时代。稻小龙虾综合种养产业化以"以渔促稻、稳粮增效、提质增效、生态环保"为指导原则，以名优特水产品为主导，以标准化生产、规模化开发、产业化经营和品牌化创建为特征，可在水稻不减产的情况下，大幅度提高稻田效益，并减少农药和化肥的使用量，是一种稳粮、促渔、增收、提质、环境友好、发展可持续的生态循环农业模式。稻小龙虾综合种养的发展意义有以下几点。

一、激发了广大农民的种粮积极性，保障了粮食安全

1. 不与粮争地

稻小龙虾综合种养的田间工程只在稻田内开挖宽 4 米左右、深1.2 米左右的环沟，约占稻田面积的 8%。通过连片开发、稻田小改大，减少了田埂道路，又增加了一些稻田面积，环沟占比可减少到 3%～5%，加上环沟周边的水稻具有边行优势，采用边行密植后基本不会挤占种粮的空间，实现了不与粮争地。

2. 提高了粮食单产

由于稻小龙虾综合种养充分利用了物种间互利共生的优势，改善了稻田生态环境，加上小龙虾的摄食与活动实现秸秆还田、控制水稻病虫害，还可清除杂草、疏松土壤，并为水稻提供优质有机肥料，水稻得以健康生长。通过连续 3 年测产验收，结果表明，稻小龙虾综合种养的稻谷单产较单一种植水稻可提高 5%左右。

3. 提高了粮食品质和效益

实施稻小龙虾综合种养后，化肥和农药使用量大量减少，稻田生态环境得到很大改良和修复，生产的粮食品质得到较大提高，大米的售价从每千克 1 元左右提高到 5～20 元，种粮的效益也大幅提高，稻田的综合效益比单一种稻提高了 3 倍以上。

4. 激发了农民的种粮积极性

由于稻小龙虾综合种养稻田的粮食产量稳中有升，稻谷单价也有所提高，加上养殖小龙虾的收益，农民经济收入大幅增加，这大大激发了农民的种粮积极性。以前无人问津的冷浸田、抛荒田，现在流转价格每亩达到七八百元，许多地方出现了"一田难求"局面，仅湖北省就有 206 万亩撂荒、低湖、低洼、冷浸田得到开发利用。

二、改善了稻田生态环境，保障了生态安全

1. 大大减少了化肥的使用量

通过小龙虾将稻田的秸秆转化为有机肥料（作为基肥），大大减少了化肥的使用量。全国 10 省（自治区、直辖市）示范区减少化肥使用量 30%～100%，平均减少 62.9%。

2. 限制并减少了农药的使用量

由于小龙虾对农药十分敏感，限制或大幅减少了农药的使用，全国 10 省（自治区、直辖市）示范区减少农药使用量 10%～100%，平均减少 48.4%。稻小龙虾综合种养减少化肥和农药等化学制品的使用量，减少了农业的面源污染。

3. 促进了稻田土壤肥力的恢复

小龙虾活动以及养殖中有机肥、饲料、微生物制剂的使用，提高了土壤中有机质含量，减少化肥使用的同时防止了土壤板结化。

4. 实现了秸秆还田，减少了甲烷等温室气体的排放

秸秆直接还田作为基肥，避免了不当处理产生的 CO_2、甲烷等气体的排放。

三、助推农民增收致富，实现了精准扶贫

稻小龙虾综合种养效益突出，已成为湖北省农业精准扶贫和农民增收致富的重要途径。通山县是湖北省的省级重点贫困山区县，通过发展稻小龙虾综合种养，2015 年实现产值近亿元，全县农民人均增收 140 元，1 000 多名贫困人口脱贫致富。

四、从源头上确保了农产品质量安全

稻小龙虾综合种养利用物质循环原理，采用生物防治与物理防治相结合的绿色防控技术，减少了化肥和化学农药的使用量，有效

控制了面源污染。

　　小龙虾在冬春两季利用水稻的秸秆作为饵料，并将其转化成有机肥料，实现了秸秆自然还田。小龙虾还可以疏松水稻根系土壤，有效改良土壤结构，其排泄物作为水稻的有机肥料，可提高水稻产量和品质。

　　稻田生态系统为小龙虾提供了良好的栖息环境，水草、有机质、昆虫、底栖生物又可作为小龙虾的天然饵料，实现物质的循环利用、虾稻的和谐共生，生产的水产品、稻米均为绿色食品或有机食品，确保了"舌尖上的安全"。

五、促进新型经营主体壮大，促进了产业融合发展

　　1. 通过发展稻小龙虾综合种养，各地培育壮大了一批新型市场经营主体

　　2015 年，仅湖北省的稻小龙虾综合种养大户就有 5 000 多户，专业合作社 900 多家，相关加工企业 100 多家，吸引各类新型经营主体生产经营投入资金超过 50 亿元。

　　2. 通过发展稻小龙虾综合种养，打造了一批精品名牌

　　依托稻小龙虾综合种养产品的优良品质，积极宣传推广，加强市场营销，湖北省成功打造出潜江"虾乡稻"、鄂州"洋泽"大米、"楚江红""良仁"牌小龙虾等精品名牌。

　　3. 通过发展稻小龙虾综合种养，推进产业融合发展

　　通过"虾稻连作＋共作"，湖北省小龙虾产业已形成了集养殖、繁育、加工、流通、餐饮、出口、节庆、旅游、电商于一体的小龙虾产业发展体系，全省现有流通经纪人 1 万余人，虾店、虾餐馆 2 万余家，2016 年全省仅小龙虾一个品种的综合产值就突破 700 亿元。

六、推进了农业现代化的进程

　　稻小龙虾综合种养的核心是"粮食不减产，效益翻几番"，这

为土地流转创造了良好条件。只有通过土地流转，将分散的土地集中起来，将农民联合起来，实行区域化布局、规模化开发、标准化生产、产业化经营、专业化管理、社会化服务，才能不断提高稻田的综合生产能力，实现农业现代化。

湖北省潜江市通过发展稻小龙虾综合种养，打造出稻田综合种养升级版"华山模式"，推动了城乡一体化发展，推进了农业现代化的进程。潜江市华山水产公司依托"虾稻连作＋共作"模式，推动土地规模化流转，带动潜江市熊口镇村民种稻养虾致富，实现了地增多、粮增产、田增效，农民增收、集体增利、企业增效，使农村变成了新城镇、农民转为了新市民，实现了传统农业向农业现代化的跨越。稻小龙虾综合种养从单纯的农业技术模式升级为集"生态循环农业发展、农业经营体制机制创新、农村社会管理"于一体的"华山模式"。该模式探索出一套"企业＋集体＋农户"合作共赢的经营体系和"产城互动"的城镇化路径，被誉为推进农业现代化、农村城镇化的成功典范。

七、防洪抗旱作用显著

稻小龙虾综合种养有较科学的稻田工程，对防洪抗旱意义重大。稻田工程中的环沟不仅能保水抗旱，还能抵御洪涝灾害。2016年，湖北省发生了 50 年一遇的特大洪水，很多地方受灾严重，但地处"水袋子"的潜江市因其稻小龙虾综合种养面积大，且稻田工程标准高，而有效地抵御了这场自然灾害。

第三节　稻小龙虾综合种养的发展历程及现状

一、发展历程

我国水产养殖历史悠久，稻田养鱼历史也源远流长。据史书记载，早在三国时期，四川、广西一带的稻田就出产鲤、草鱼，以此推断，我国的稻田养鱼至少已有2 000年的历史。范蠡的《养鱼经》记载："以六亩地为池，留长二尺者二千尾作种"。魏武《四时食制》记载："郫县子鱼，黄鳞赤尾，出稻田，可以为酱"。中华人民共和国成立后，在陕西勉县、四川新津县和绵阳县出土了东汉时代的陶制水田模型，田中有沟埂和鱼鳖，类似于传统的稻田养鱼模式。

中华人民共和国成立后，我国稻田养鱼的发展经历了以下几个发展阶段。粗放的低水平阶段：1954年，第四届全国水产工作会议正式提出全国发展稻田养鱼的号召；1958年，第五届全国水产工作会议将稻田养鱼纳入农业规划中。理论与实验探索阶段：1981年，倪达书、汪建国提出"稻鱼共生"理论并开始养殖与实践；1988年，中国科学院水生生物研究所与中国农业科学研究院联合召开了"中国稻-鱼结合学术研讨会"。

总体而言，中国的稻田养鱼经历了发展、衰落、恢复、发展的坎坷历程。经过广大水产科技人员的努力和农民群众的生产实践，无论是养殖模式、水稻栽培、稻田工程还是养鱼技术，都有了丰富和发展。稻田养鱼成为农业增效、农民增收和脱贫致富的重要途径。特别是20世纪80年代中期以后，随着"稻鱼共生"理论的提出和水产部门的倡导，全国各地因地制宜地开展了多种方式的大面积稻田养鱼，稻渔综合种养呈现蓬勃发展之势。

小龙虾的稻田养殖始于21世纪初，始于湖北省，成功于湖北省。湖北省水产技术推广总站和潜江市水产技术推广中心两级水产科技人员历时4年，总结和提出"虾稻连作"模式，即种一季稻，养一季虾。2006年，"虾稻连作"技术作为湖北省渔业科技入户的主推技术开始在全省推广。这种稻香虾肥、增产增收的"钱"景，吸引着越来越多的农民参与其中。2016年，湖北省小龙虾产量达48.9万吨，占全国小龙虾产量50%以上，形成了"世界龙虾看中国，中国龙虾看湖北"的格局，也奠定了湖北省在全国小龙虾产业的地位。2016年湖北省的稻小龙虾综合种养面积达到了352.68万亩，小龙虾产量35.61万吨，产值195.79亿元，经济总产值723.33亿元，小龙虾是湖北省单一品种产值突破百亿元大关的第一个水产品种。

二、发展现状

目前，稻小龙虾综合种养技术已在湖北、浙江、江苏、江西、安徽、湖南、四川、山东、广西等省（自治区）广泛推广应用，其中的主要生产模式有"虾稻连作""虾稻连作＋共作""鳖虾鱼稻共作"等。2016年，湖北省稻田综合种养面积381万亩，其中"虾稻连作"模式面积352.68万亩，占全省稻田综合种养面积的95%左右。稻小龙虾综合种养在水稻稳产的同时，亩增收水产品150千克左右，较单纯种植水稻的稻田亩均增效3～10倍；稻田农药使用量平均减少48.4%，化肥使用量平均减少62.9%，"鳖虾鱼稻共作"模式实现了化肥和农药的零使用。稻小龙虾综合种养是稻渔综合种养最主要的种养模式，其种养面积占全国稻渔综合种养面积的50%以上，湖北省稻小龙虾综合种养面积占全省稻渔综合种养面积的90%左右。

第四节　稻小龙虾综合种养的发展趋势

2007年以来，一大批以名特经济水产品种为主导，以标准化生产、规模化开发、产业化经营为特征的稻渔综合种养新模式不断涌现，表现出稳粮、促渔、增效、提质、生态、节能等多方面的作用，在经济、社会、生态等方面均取得显著的成效，得到了各地政府的高度重视以及种稻农民的积极响应。

近十年来，在各级农业部门的大力支持下，在各级渔业主管部门的大力推动下，在各地水产技术推广机构和广大农民的共同努力下，稻小龙虾综合种养得到快速、健康发展，实现了"一水两用、一田双收、稳粮增效、粮渔双赢"，同时还拓展了水产业的发展空间，推动了农业转型升级、提质增效，保障了粮食安全、食品安全和生态安全。

近几年，湖北省把稻小龙虾综合种养作为农业转方式、调结构的重要抓手强力推进，各级财政安排专项资金予以扶持，通过规划引领、政府引导、市场主导、企业与合作社带动、试验示范、强力推广、典型引路、部门联动，因地制宜，稳步推进。中央农村工作领导小组考察湖北省稻小龙虾综合种养后，认为是革命性的创造，开辟了农业生产经营新业态。

稻小龙虾综合种养已经成为湖北、江苏、安徽等地的特色产业、支柱产业和朝阳产业，有着广阔的发展前景。随着广大水产科技人员的不断探索，未来稻小龙虾综合种养将会朝着如下趋势进一步发展。

1. 由单一种养模式向复合种养模式发展

过去的稻小龙虾综合种养，只是在稻田中种植水稻和养殖小龙虾，未来可进一步发展为在同一稻田中除了种植水稻、养殖小龙虾外，还可以增养1～2个名优水产品种，如"虾鳅稻""虾蟹稻""鳖虾鱼稻"，等等。还可以发展"稻虾稻"，即种植一季中稻，养殖一季小龙虾，再生产一季再生稻。

2. 由稻小龙虾综合种养向稻小龙虾生态种养发展

一是向池塘延伸，即在池塘中种植深水稻，养殖小龙虾，这样的种养方式中没有化肥和农药的使用，属于生态种养模式；二是已实施稻小龙虾综合种养的稻田中农药和化肥的使用量已大幅减少，未来的稻小龙虾综合种养的稻田中，农药和化肥的使用量会进一步减少，逐步实现生态种养；三是稻小龙虾综合种养的稻田生态环境逐步得到修复；四是种养技术正日趋成熟，如"鳖虾鱼稻"技术完全做到"全年生产，全生态种养"。

各地的实践证明，发展稻小龙虾综合种养，既保障了"米袋子"又丰富了"菜篮子"，既鼓起了"钱袋子"又确保了"舌尖上的安全"，还有效地破解了"谁来种地"和"如何种好地"的难题，是一条保护农业环境和生态的现代农业发展之路。稻小龙虾综合种养技术成熟且容易掌握，可以说一看就懂、一学就会、一用就灵。稻小龙虾综合种养是一项利在当代、功在千秋的伟大事业，值得大力推广。

第二章

资源条件

第一节　稻田资源

　　我国是一个农业大国，有广袤的土地，广袤的农田，广袤的水稻田，有着发展稻小龙虾综合种养丰富的资源条件。水是生命之源，也是发展稻小龙虾综合种养的必备条件。我国水资源丰富，特别是长江流域和淮河流域，这里也是我国的水稻主产区。虽然小龙虾的适温范围很广，在我国绝大多数地区都可以生存，但最适宜小龙虾生长的地区是长江流域和淮河流域。

　　我国拥有水稻田面积4.5亿亩，适宜发展稻渔综合种养的面积约1亿亩。稻田是小龙虾生长和繁育的理想场所，可根据小龙虾在不同季节对水位的要求适时进行调节；水稻收割后，田里的稻蔸淹水后，小龙虾能将稻蔸一层一层地剥食掉，且稻蔸能孳生大量的浮游生物和藻类等小龙虾喜食的饵料生物；水稻栽插后，小龙虾与水稻共生共育，水稻又能为小龙虾遮阳。认为只要是水稻田就可以发展稻小龙虾综合种养的观点是不科学的。在长江流域和淮河流域，最适宜小龙虾在稻田中繁育和生长的季节是9—11月和3—5月，而只能依靠水库灌水种植水稻的稻田在这两个时间段是没水的，6—8月南方地区气温过高，又不适宜小龙虾在稻田中生长，因为小龙虾在水温超过33℃的稻田中基本不能蜕壳生长，因此这样的稻田不适宜开展稻小龙虾综合种养。北方地区的稻田，根据笔者的试验，5—9月是能够养虾的，比如，在笔者的指导下，山东省东营市这两年就养成功了。

第二节 品种资源

一、小 龙 虾

小龙虾是世界上分布最广、养殖最多、养殖产量最高的淡水螯虾。其人工养殖在 20 世纪 70 年代就已在国外普遍开展,少数国家现已开始研究强化养殖和规模化养殖。澳大利亚现有 300 多家小龙虾养殖场,年产量为 500 吨;美国 2000 年小龙虾养殖面积达到 6 万公顷,年产量达 3 万吨以上。

小龙虾肉质细嫩,风味独特,蛋白质含量高,脂肪含量低,虾黄具有蟹黄味,尤其钙、磷、铁等含量丰富,是营养价值较高的动物性食品,已成为我国城乡居民餐桌上的美味佳肴。

小龙虾可食比例为 20%～30%,虾肉占其体重的 15%～18%。从蛋白质成分来看,小龙虾的蛋白质含量高于大多数的淡水和海水鱼虾。小龙虾虾肉中,含水分 8.2%、蛋白质 58.5%、脂肪 6.0%、几丁质 2.1%、灰分 16.8%、矿物质 6.6%。其氨基酸组成也优于肉类,不仅含有人体所必需的 8 种氨基酸,即异亮氨酸、亮氨酸、蛋氨酸、色氨酸、赖氨酸、苯丙氨酸、缬氨酸和苏氨酸,而且还含有脊椎动物体内含量很少的精氨酸。此外,小龙虾还含有幼儿必需的组氨酸。特别是占其体重 5%左右的肝脏(俗称虾黄),味道别致、营养丰富,虾黄中含有丰富的不饱和脂肪酸、蛋白质和游离氨基酸。

从脂肪成分来看,小龙虾的脂肪含量比畜禽肉类一般要低 20%～30%,大多是不饱和脂肪酸,不仅易被人体消化吸收,还可以使胆固醇酯化,防止胆固醇在体内蓄积。

从微量元素成分来看,小龙虾含有人体所必需的多种矿物质,含量较多的有钙、钠、钾、磷,比较重要的还有铁、硫、铜和硒等微量元素。矿物质总量约为 1.6%,其中钙、磷、钠及铁的含量都比一般畜禽肉高,也比对虾高。

　　小龙虾固然营养丰富、美味可口，但在食用前应仔细地挑选。如果小龙虾体色发红、身软，说明不新鲜，尽量不食用，腐败变质虾不可食；虾背上的虾线应挑去不吃。

　　小龙虾最好吃的季节是5—10月，黄满肉肥，连大螯上的三节都是从头塞到尾的弹牙雪肌。

　　辨别小龙虾是清水还是污水里长大的，首先看背部，红亮干净，这就尚可；再翻开看其腹部绒毛和爪上的毫毛，如果白净整齐，基本上可判断是干净水质里长大的。

　　自然水体生长的小龙虾是吃腐殖动物尸体的，细菌和毒素只会越来越多地积存在体内，所以尽量要买刚刚长大的小龙虾，太小的食之无味。老龙虾或红得发黑或红中带铁青色，青壮龙虾则红得艳而不俗，有一种自然健康的光泽。再用手碰碰壳，铁硬的是老龙虾，像指甲一样有弹性的才是刚换壳的，所以要买壳较软的。

　　正确清洗、修剪小龙虾的方法介绍如下。

　　（1）剪去大半个头壳，并顺势用剪刀在裸露出来的头连背部的地方挑去黑沙似的胃囊；

　　（2）沿两边的鳃剪去外壳，再跟着斜剪去鳃须；

　　（3）用手拉住小龙虾尾部中间的尾甲，顺势一拉，把黑肠子拉出来；

　　（4）在背上竖剪一刀，以便更入味；

　　（5）在自来水下用牙刷上下左右边冲边刷，然后沥去水。要注意勿把虾黄冲掉。

　　上海等地食品药品监督部门曾在一些水产市场查出摊主用所谓"洗虾粉"给虾去污，不同的"洗虾粉"成分不同，有的是碱性物质，有的是柠檬酸和亚硫酸盐，后两种成分属于合法的食品添加剂，但"洗虾粉"中还有很多未标明的成分，使用此产品会给消费者健康带来隐患，甚至有引起癌症的风险，因此，从市场上买来的小龙虾，应用清水多冲洗，避免残留"洗虾粉"等有害物质。

　　5月以后是开始吃小龙虾的季节。4月之前的小龙虾空见其壳，未见其肉。5月之后，在温度的催化下，小龙虾开始饱满结实，唻之爽尔。

小龙虾的做法有很多，爆炒龙虾在全国很多地方流行。北京流行的"麻小"是川味火锅的变异；武汉盛行的烤虾球类似烧烤。湖北潜江"油焖大虾"和江苏盱眙"十三香小龙虾"影响范围非常广。

小龙虾分上下两段，江苏之外其他地方的做法均取其后，至于北京的"麻小"虽然留有前段，但做法的流行性不如江苏的做法。就目前而言，去其前段做法的人大多是觉得前段比较"脏"且没有多少肉可以食用。实际上只食后部的纯肉段只能算是吃了小龙虾的50%。如何在确保卫生的情况之下完全进食小龙虾的精华是目前所要解决的一个问题，即目前食用其前段的做法大多在卫生环节上还有待于进一步提高。

一般人均可食用小龙虾。小龙虾尤其适宜肾虚阳痿、男性不育症、腰脚无力之人食用；适宜小儿正在出麻疹、水痘之时服食；适宜中老年人缺钙所致小腿抽筋时食用。而宿疾者、正值上火之时的老年人不宜食用小龙虾；患过敏性鼻炎、支气管炎、反复发作性过敏性皮炎的老年人也不宜食用小龙虾。此外，患有皮肤疥癣者忌食小龙虾。

小龙虾忌与某些水果同食。因为小龙虾含有比较丰富的蛋白质和钙等营养物质。如果把它们与含有鞣酸的水果（如葡萄、石榴、山楂、柿子等）同食，不仅会降低蛋白质的营养价值，而且鞣酸和钙离子结合形成不溶性结合物会刺激肠胃，引起人体不适，出现呕吐、头晕、恶心和腹痛、腹泻等症状。

小龙虾具有重要的食疗价值。其肉质中蛋白质的分子量小，且含有较多的原肌球蛋白和副肌球蛋白，食用小龙虾具有补肾、壮阳、滋阴、健胃的功能，还可提高运动耐力。小龙虾壳比其他虾壳更红，这是由于小龙虾壳比其他虾类含有更多的铁、钙和胡萝卜素。小龙虾壳和肉一样对人体健康很有利，可以用作治疗和预防多种疾病的原料。将虾壳和栀子焙成粉末，可治疗神经痛、风湿、小儿麻痹、癫痫、胃病及一些常见妇科病。用小龙虾壳作为原料还可以制造止血药。从小龙虾的虾壳里提取的甲壳素可以进一步分解成壳聚糖，壳聚糖被誉为继蛋白质、脂肪、糖类、维生素、矿物质五大生命要素之后的"第六大生命要素"，可作为治疗糖尿病、高血脂的良方，是 21 世纪医疗保健品的发展方向之一。另外，小龙虾还可以入药，能化痰止咳，促进手术后的伤口愈合。

小龙虾的虾头和虾壳共含有 20% 的甲壳质，经过加工处理能制成可溶性的甲壳素、壳聚糖，可广泛应用于农业、食品、医药、饲料、化工、烟草、造纸、印染等行业。

甲壳素是自然界中含量仅次于纤维素的有机高分子化合物，也是迄今发现的唯一的天然碱性多糖，大量存在于甲壳类动物体内。甲壳素的化学性质不活泼，溶解性差，脱去乙酰基后，可转变为壳聚糖。壳聚糖被广泛应用于农业、医药、日用化工、食品加工等诸多领域。在农业上可以促进种子发育、提高植物抗菌力、作为地膜材料；在医药方面可用于制造降解缝合材料、人造皮肤、止血剂、抗凝血剂、伤口愈合促进剂；在日用化工上可用于制造洗发水、头发调理剂、固发剂、牙膏添加剂等，具有广阔的发展前景。此外，虾壳还可用来制作生物柴油催化剂，出口到欧美等发达国家。目前此类产品已经批量进入欧洲市场，深受消费者欢迎；更为难得的是，从可持续发展的角度看，从环保的角度分析，由于塑料很难自然降解，已造成全球性"白色污染"，甲壳素作为理想的制膜材料，有望成为塑料的替代品。如果能对废弃的虾头、虾壳进行产业化、规模化的深加工和综合利用，推动小龙虾产业的深度开发，不仅能解除小龙虾加工出口产业的后顾之忧，增强小龙虾仁等产品在国际市场的竞争力，而且能衍生高附加值产品近 100 种，转化增值的直接效益将超过 1 000 亿元，还可新增 10 万个就业岗位。

D-氨基酸葡萄糖盐酸盐（简称 GAH）是甲壳素的水解产物，能促进人体黏多糖的合成，提高关节润滑液的黏性，改善关节软骨代谢，促进软骨组织生长。GAH 制备的方法是先从虾壳中提取出甲壳素，再将其在盐酸中水解得到目的产物。医学上利用 GAH 制成治疗关节类疾病的复方氨基糖片，合成氯脲霉素等多种生化药剂。GAH 也是重要的婴儿食品添加剂，还可以用作化妆品原料和饲料添加剂。

小龙虾体内所含有的虾青素是一种应用广泛的类胡萝卜素，有较强的清除自由基的作用，能抗氧化、提高免疫力。虾青素不仅可使观赏鱼类颜色更加鲜艳，同时能提高水生生物的繁殖率，还可以作为新型化妆品原料。

运用生化高新技术，每吨虾（虾头、虾壳）可分别制取 200 千克蛋白质、1.2 千克虾青素、70 千克甲壳素和 200 千克碳酸钙，共计可生产出近 500 千克衍生中间品，而甲壳素再加工即形成壳聚糖，壳聚糖经深加工主要用于生产氨基葡萄糖盐酸盐、硫酸盐、壳寡糖、虾青素，可广泛应用于生物、医药、食品、化工等领域。

在小龙虾加工过程中，废弃的虾头和虾壳也是开发调味品的优质资源。虾头内残留的虾黄风味独特，可以加工成虾黄风味料。此外，虾壳还可以制作仿虾工艺品。

目前，小龙虾产业已经成为我国水产业的支柱产业和特色产业，2016 年，仅湖北省小龙虾综合产值就突破了 700 亿元。

据文献资料记载，在世界范围内小龙虾的养殖和加工已有百年历史。早在 20 世纪初俄罗斯就在湖泊水体实施小龙虾人工放流，并在 1960 年进行工厂化育苗试验并取得成功。美国是养殖小龙虾最早的国家，美国路易斯安那州养殖的小龙虾世界闻名，所采取的养殖模式主要是"种稻养虾"，即在稻田里插秧，等水稻成熟收割后随即放水淹没秸秆，然后投放小龙虾苗种，被淹的水稻秸秆直接或间接地作为小龙虾的饲料来源。

20 世纪 70 年代，在中国长江流域就有少数养殖户开始养殖小龙虾，但由于当时缺乏养殖技术和消费市场，一直没有形成规模化生产。

2001 年，湖北省潜江市积玉口镇农民率先探索出了稻田养虾模式，经过 4 年进一步的试验示范，于 2005 年成功地总结出了"虾稻连作"技术，创造了稻小龙虾综合种养的"虾稻连作"模式，开创了我国稻田养虾的先河。"虾稻连作"模式既解决了冬季低洼田撂荒的问题，又解决了水产品加工出口企业虾源不足的问题，同时也为农民开拓了一条发家致富的好途径，是一个一举多赢的好模式。

湖北省"虾稻连作"的面积一度达到 300 多万亩。但到 2009 年，这种模式出现了一些问题：小龙虾商品规格偏小，市场价格低，养殖户的效益差，一些农民的积极性受挫，小龙虾加工企业原料严重不足，甚至出现了"小龙虾种质严重退化"的现象。带着这些问题，笔者带领技术人员调研了 16 个县市后认为，出现上述问题的主要原因是推广速度太快，技术服务跟不上，致使农民在种养过程中出现了以下几个方面的问题。

（1）投放虾种的时间晚（10 月），捕捞商品虾的时间早（4 月中旬开始捕捞，5 月下旬捕捞结束），小龙虾的有效生长时间不到两个月，因此，上市的商品虾中 30% 左右为 30 克以上的大虾，30% 左右为 20 克左右的中虾，还有 30% 左右的为不值钱的 15 克以下的小虾。

（2）大多农民采用"人放天养"的养殖方式，小龙虾因饵料不足而个体偏小。

（3）养虾和种稻的经营主体分离，养虾的农户 10 月才能拿到稻田，5 月下旬必须将稻田交出去，客观上限制了放种和起捕的时间。

（4）推广速度太快，技术普及跟不上，有的农户在没有学习和了解"虾稻连作"技术的情况下，盲目进行养殖。

（5）苗种繁育问题没有解决，虾种紧缺；此外，还有运输成活率不高、虾种质量差等问题。

为了推动湖北省小龙虾产业的健康发展，笔者在着重分析了技术层面原因后，于 2010 年提出了在"虾稻连作"的基础上进行"虾稻共作"试验的技术思路，并在湖北省鄂州市万亩湖小龙虾专业合作社开展试验，取得了小龙虾在稻田中自然繁育的成功，实现了小龙虾在稻田中的自繁、自育、自养，很好地解决了小龙虾产业发展中的苗种瓶颈问题，形成了一套"虾稻连作＋共作"的"虾稻生态种养技术",即"一季稻,二季虾,经营主体不分家"的"虾稻共作"模式。这一技术的突破,使湖北省乃至全国的稻小龙虾综合种养得到快速发展。近五年来,仅湖北省就以每年新增 40 万亩以上稻小龙虾综合种养面积的速度迅猛发展。

目前,小龙虾已成为我国淡水养殖的生力军。经过近 10 多年的推广,现长江流域已普遍开展养殖(表 2-1 和表 2-2),仅湖北省 2016 年就已发展稻小龙虾综合种养面积 350 多万亩。在此基础上,各省又相继开展了"池塘养虾""湖泊养虾""河沟养虾"等多种养殖模式的探索,都获得了成功。

表 2-1   2017 年全国主产省份小龙虾养殖产量

地区	2017 年(吨)	2016 年(吨)	2017 年与 2016 年比较	
			增量	增幅(%)
全国总计	1 129 708	827 107	302 601	36.59
湖北	631 621	489 177	142 444	29.12
安徽	137 686	107 144	30 542	28.51
湖南	135 719	56 304	79 415	141.05
江苏	115 354	92 984	22 370	24.06
江西	74 387	58 582	15 805	26.98

表 2-2   2017 年小龙虾养殖产量前 30 名的县(市、区)

排序	县(市、区)	2017 年产量(吨)
1	湖北省监利县	110 097
2	湖北省洪湖市	85 306
3	湖北省潜江市	70 413
4	湖南省南县	58 500
5	江苏省盱眙县	35 113
6	湖北省沙洋县	34 628
7	湖南省华容县	34 236
8	湖北省石首市	33 343

（续）

排序	县（市、区）	2017 年产量（吨）
9	湖北省公安县	26 442
10	湖北省黄梅县	25 450
11	湖北省钟祥市	21 165
12	江苏省兴化市	18 287
13	湖北省天门市	16 014
14	湖北省武穴市	12 978
15	安徽省霍邱县	12 271
16	安徽省宿松县	11 865
17	安徽省长丰县	11 150
18	湖北省阳新县	10 481
19	湖北省赤壁市	9 837
20	湖北省蕲春县	9 823
21	湖北省浠水县	9 822
22	湖北省京山县	9 640
23	湖北省荆州区	9 518
24	湖北省武汉市黄陂区	9 429
25	湖北省江陵县	9 085
26	江西省九江市柴桑区	9 016
27	湖南省临湘市	8 035
28	湖北省松滋市	8 012
29	湖北省汉川市	7 614
30	湖南省沅江市	7 300

　　小龙虾的适应能力强，繁殖速度快，迁移迅速，喜掘洞，对农作物、堤埂及农田水利设施有一定的破坏作用，在我国曾长期被视为敌害生物，但小龙虾的掘洞能力、攀援能力以及在陆地上的移动速度都比中华绒螯蟹弱。从总体上看，小龙虾作为一种水产资源对人类是利多弊少，具有较高的开发价值。作为养殖品种，小龙虾有诸多优势条件：①小龙虾对环境的适应性较强，病害少，能在湖

泊、池塘、河沟、稻田等多种水体中生长，对养殖条件要求不高，养殖技术易于普及；②小龙虾能直接将植物转换成动物蛋白，且生长速度较快，一般经过 3～4 个月的养殖，即可达到上市规格；③小龙虾通常以摄食水体中的有机碎屑、水生植物和动物尸体为主，不需要投喂特殊的饲料，生长快、产量高、效益好。

小龙虾是欧美市场最受欢迎的水产品之一，已成为我国淡水水产加工出口创汇的主力军。西欧市场每年的小龙虾消费量为 6 万～8 万吨，其自给率仅为 20%；美国一年的消费量为 4 万～6 万吨；瑞典是小龙虾的狂热消费国，每年举行为期 3 周的龙虾节，全国上下食用小龙虾，每年进口小龙虾达 5 万～10 万吨。因此，小龙虾已成为我国大量出口欧美的重要淡水产品。1988 年湖北省首次对外出口。2012—2017 年全国小龙虾出口情况见表 2-3、图 2-1。

表 2-3 2012—2017 年全国小龙虾出口情况

年份	出口量（万吨）	出口额（亿美元）	平均单价（美元/千克）
2012	2.71	2.81	10.36
2013	2.85	3.19	11.17
2014	3.00	3.82	12.73
2015	2.01	2.66	13.23
2016	2.35	2.66	11.30
2017	1.93	2.17	11.27

注：数据来源于 2018 年 3 月中国海关公布的即时数据。

小龙虾已成为我国大众餐桌上的美味佳肴。随着人们生活水平的提高，居民对水产品的消费需求有了更高的要求，小龙虾作为一种新的大众食品，具有营养价值高、味道鲜美等特点，在市场上十分畅销，是目前市场上水产品销量最大的品种之一，已成为广大城乡居民喜爱的菜肴。以小龙虾为特色菜肴的餐馆遍布全国各地的大街小巷，尤其在武汉、南京、上海、北京、常州、无锡、苏州、合肥等大中城市，年均消费量多在万吨以上，其中以麻辣为特色的"油焖大虾"吃法风靡全国，潜江的"油焖大虾"

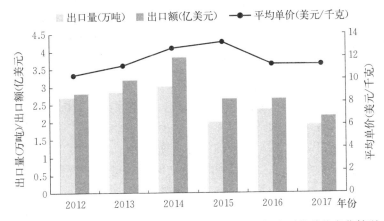

图 2-1 2012—2017 年全国小龙虾出口量、出口额和平均单价变化情况

已被列入"中国名菜"。

经过 10 余年的探索、创新和发展，小龙虾产业发展非常迅速。以湖北省潜江市为代表的许多地方，已形成集科研示范、良种选育、苗种繁殖、健康养殖、加工出口、餐饮服务、冷链物流、精深加工等于一体的小龙虾产业化格局，产业链条十分完整，成为长江流域农业经济的支柱产业、特色产业。

（一）小龙虾的形态特征

1. 外部形态

小龙虾的体长是指从小龙虾眼柄基部到尾节末端的伸直长度（厘米），全长是指从额角顶端到尾肢末端的伸直长度（厘米）。

小龙虾由头胸部和腹部共 21 个体节组成，共有 19 对附肢，体表具有坚硬的甲壳。其头部有 5 节，胸部有 8 节，头部和胸部合成一个整体，称为头胸部。腹部共有 7 节，其后端有一扁平的尾节，与第六腹节的附肢共同组成尾扇。胸足共有 5 对，第一对呈螯状，粗大；第二、第三对呈钳状，后两对呈爪状。腹足共有 6 对，雌性第一对腹足退化，雄性前两对腹足演变成钙质交接器；各对附肢具有各自的功能。

小龙虾性成熟个体呈暗红色或深红色，未成熟个体为淡褐色、黄褐色、红褐色不等，有时还可见蓝色。常见小龙虾个体全长为4～12厘米。据资料显示，目前世界上采集到的最大个体为16.1厘米，重133克。

2. 内部结构

小龙虾属节肢动物门，体内无脊椎，分为消化系统、呼吸系统、循环系统、排泄系统、神经系统、生殖系统、肌肉运动系统、内分泌系统，共8大部分。

（1）消化系统 小龙虾的消耗系统包括口、食道、胃、肠、肝胰脏、直肠、肛门。口开于两大颚之间，后接食道。食道为一短管，后接胃。胃后是肠，肠的前段两侧各有一个黄色的分支状的肝胰脏，肝胰脏有肝管与肠相通。肠的后段细长，位于腹部的背面，其末端为球形的直肠，与肛门相通。肛门开口于尾节的腹面。

（2）呼吸系统 小龙虾的呼吸系统包括鳃和颚足，鳃腔内共有鳃17对。其中7对鳃较大，与后2对颚足和5对胸足的基部相连，鳃为三棱形，每棱排列许多细小的鳃丝，其他10对鳃细小，为薄片状，与鳃壁相连。小龙虾呼吸时，颚足激动水流进入鳃腔，水流经过鳃完成气体交换。

（3）循环系统 小龙虾的循环系统包括心脏、血液和血管，是一种开放式循环系统。心脏在头胸部背面的围心窦中，为半透明、多角形的肌肉囊，有3对心孔，心孔内有防止血液倒流的瓣膜。血管细小、透明，血液为透明、浅黄色。

（4）排泄系统 在头部大触角基部内有1对绿色腺体，腺体后有一膀胱，由排泄管通向大触角基部，并开口于体外。

（5）神经系统 小龙虾的神经系统包括神经节、神经和神经索。现代研究证实，小龙虾的脑神经干及神经节能够分泌多种神经激素，这些神经激素具有调控小龙虾的生长、蜕壳及生殖生理过程的作用。

（6）生殖系统 雄性小龙虾的生殖系统包括3个精巢、1对输精管以及1对位于第5步足基部的生殖窦。雌性小龙虾的生殖系统包括3个卵巢，呈三叶状排列，1对输卵管通向第3对步足基部的生殖孔。雄性的交接器和雌性的储精囊虽不属于生殖系统，但在小龙虾的生殖过程中起着非常重要的作用。

（7）肌肉运动系统　小龙虾的肌肉运动系统由肌肉和甲壳组成，甲壳又被称为外骨骼，起着支撑和保护身体的作用，在肌肉的牵动下行使运动功能。

（8）内分泌系统　小龙虾的内分泌系统往往与其他结构组合在一起，如与脑神经节结合在一起的细胞能合成和分泌神经激素，小龙虾的眼柄可以分泌抑制小龙虾蜕壳和性腺发育的激素，小龙虾的大颚组织能合成一种化学物质——甲基法尼酯，该物质也起着调控小龙虾精、卵细胞蛋白合成和性腺发育的作用。

（二）小龙虾的生活习性

1. 广栖性

小龙虾广泛生长于江河、湖泊、沟渠、塘堰、稻田、水库和人工养鱼池等各种水域之中，凡是无污染或是污染不严重的水域、沼泽、湿地中，都有小龙虾的生存和繁衍，并形成自己的种群，尤其在食物较为丰富的静水沟渠、池塘和浅水草型湖泊中小龙虾较多。

小龙虾对水环境要求不高，在 pH 为 5.8～8.2、温度为 0～37℃、溶解氧不低于 1.5 毫克/升的水体中都能生存，在我国大部分地区都能自然越冬。最适宜小龙虾生长的水体 pH 为 7.5～8.2、温度为 22～30℃、溶解氧不低于 3 毫克/升。

小龙虾营底栖生活，淤泥过多或过少都会影响其生长。淤泥过多，有机物大量耗氧，使底层水长时间缺氧，容易导致病害发生；淤泥过少，则起不到供肥、保肥、提供饵料和改善水质的作用。一般，池底淤泥厚度保持在 15～20 厘米，有利于小龙虾的健康生长。用来养虾稻田的土壤以壤土或黏土为好，不易渗水，可保水节能，还有利于小龙虾挖洞穴居，沙土田不宜养虾。

2. 迁徙性

从生活习性来看，小龙虾是介于水栖动物和两栖动物之间的一种动物，能适应恶劣的环境。小龙虾利用空气中氧气的本领很高，离开水体之后只要保持身体湿润，可以安然存活 2～3 天。当遇温度陡降、暴雨天气时，小龙虾喜欢集群到流水处活动，并趁雨夜上岸寻找食物和转移到新的栖息地；当水中溶解氧降至 1 毫克/升时，小龙虾也会离开水面爬上岸或侧卧在水面上进行特殊呼吸。

3. 避光性

小龙虾喜温怕光，有明显的昼夜垂直移动现象，光线强烈时即沉入水体或躲避到洞穴中，光线微弱或黑暗时开始活动，通常抱住水体中的水草或悬浮物将身体侧卧于水面上。

4. 喜穴居

小龙虾喜欢打洞穴居，且一般为雌雄同居，其洞穴一般笔直向下或稍倾斜。夏季，小龙虾为了避暑需要打洞，其洞穴深度一般为30 厘米左右；秋季，小龙虾为了繁育后代需要打洞，其洞穴深度一般为 50 厘米左右；冬季，小龙虾为了生存越冬需要打洞，其洞穴深度一般为 80～100 厘米。

小龙虾掘洞时间多在夜间，可持续掘洞 6～8 小时，成虾一夜掘洞深度可达 40 厘米，幼虾可达 25 厘米。成虾的洞穴深度大部分在 50～80 厘米，少部分可达 80～150 厘米；幼虾洞穴的深度在10～25 厘米；体长 1.2 厘米的稚虾已经具备掘洞能力，洞穴深度为10～20 厘米。洞穴分为简单洞穴和复杂洞穴两种：85％的洞穴是简单的，只有一条隧道，位于水面上或水面下 10 厘米；15％较复杂，有 2 条以上的隧道，位于水面之上 20 厘米处。繁殖季节每个洞穴中一般有 1～2 只虾，但冬季也发现一个洞中有 3～5 只虾。小龙虾在繁殖季节的掘洞强度增大，在寒冷的冬季和初春，掘洞强度微弱。

小龙虾白天入洞潜伏或守在洞口，夜间出洞活动；春季喜欢在浅水中活动，夏季喜欢在较深一点的水域活动，秋季喜欢在有水的堤边、坡边、埂边，以及曾经有水但在秋天干涸的湿润地带营造洞穴，冬季喜欢藏身于洞穴深处越冬。

小龙虾根据气温决定一年的打洞次数，一般为 3 次。夏季，当水温上升到 33 ℃以上时，小龙虾进入半摄食或打洞越夏状态；秋季，当水温在 25 ℃左右时，小龙虾进入繁殖打洞状态；冬季，当水温下降到 15 ℃以下时，小龙虾进入越冬打洞状态。

5. 生性好斗

小龙虾严重饥饿时，会以强凌弱、相互格斗，出现弱肉强食，但在食物比较充足时，便能和睦相处。另外，如果放养密度过大、隐蔽物不足、雌雄比例失调、饲料营养不全，也会出现相互撕咬残杀，最终以各自螯足有无决定胜负。

6. 生存能力强

小龙虾的生命力很强，在自然条件下，不论是在江河、湖泊、水库、沟渠、塘堰、稻田、池塘等水源充足的环境中，还是在沼泽、湿地等少水的陆地，只要没有受到严重污染，小龙虾就能生存和繁衍，形成自己的种群。

小龙虾对自然水域或人工养殖水域的大小、深浅和肥瘦要求不严。但在人工养殖过程中，小龙虾在水质清新、高溶解氧的条件下，摄食旺盛、生长快、病害少；当水体中溶解氧低于 2.5 毫克/升时，小龙虾的摄食量减少；当溶解氧低于 1 毫克/升时，小龙虾就会停食或将身体露出水面觅食。

7. 耐药能力弱

小龙虾对目前广泛使用的农药和渔药反应敏感，其耐药能力比鱼类要弱得多。对有机磷农药，超过 0.7 毫克/千克就会中毒；对于除虫菊酯类渔药（或农药），只要水体中含有，就有可能导致小龙虾中毒甚至死亡；对于漂白粉、生石灰等消毒药物，如果剂量过大，也会中毒；而对植物酮和茶碱则不敏感，如鱼藤精、茶籽饼汁等。

8. 喜温畏寒

小龙虾属变温动物，喜温暖、怕炎热、畏寒冷，适宜水温 18～31 ℃，最适水温为 22～30 ℃。当水温上升到 33 ℃以上时，小龙虾进入半摄食或打洞越夏状态；当水温下降到 15 ℃以下时，小龙虾进入不摄食的打洞状态；当水温下降到 10 ℃以下时，小龙虾进入不摄食的越冬状态。

9. 杂食性

小龙虾属杂食性动物，只要能咬动的东西它就可以食用。植物类如豆类、谷类、蔬菜类、各种水生植物、陆生草类都是它的食物;动物类如水生浮游动物、底栖动物、畜禽动物内脏、蚕蛹、蚯蚓、蝇蛆等都是它喜爱的食物;人工配合饲料也是小龙虾喜食的饵料。在水温 20~28 ℃时,小龙虾摄食率会发生较大变化(表 2-4)。

表 2-4　小龙虾对各种食物的摄食率

种类	名称	摄食率(%)
植物	竹叶眼子菜	3.2
	竹叶菜	2.6
	水花生	1.1
	苏丹草	0.7
动物	水蚯蚓	14.8
	鱼肉	4.9
饲料	配合饲料	2.8
	豆饼	1.2

研究表明,在自然条件下,小龙虾主要摄食竹叶眼子菜、轮叶黑藻等大型水生植物,其次是有机碎屑,同时还有少量的丝状藻类、浮游藻类、水生寡毛类、轮虫、摇蚊幼虫和其他水生动物的残体等。小龙虾的食物组成、出现频率和重量百分比见表 2-5。

表 2-5　小龙虾的食物组成、出现频率和重量百分比

食物种类	典型食物	出现个数	出现频率(%)	重量百分比(%)
水生植物	竹叶眼子菜、黑藻	180	100	85.6
有机碎屑	植物碎屑(无法鉴别种类)	180	100	10
藻类	丝状藻类、硅藻、小球藻	100	55.6	
浮游动物	桡足类、枝角类	10	5.5	
轮虫	臂尾轮虫、三肢轮虫	2	1.1	5.4
水生昆虫	摇蚊幼虫	18	10	
水生寡毛类	水蚯蚓	5	2.8	
虾类	小龙虾残体	5	4.4	

小龙虾的食物种类随体长变化有差异，虽然各种体长的小龙虾全年都以大型水生植物为主要食物，但中小体型小龙虾摄食浮游动物、昆虫及幼虫的量要高于较大规格的小龙虾，因此，要在养殖水体中种植水生植物。不同体长的小龙虾所摄取的食物种类有较大的区别，通过镜检观察，其食物出现的频率是不同的（表2-6）。

表2-6　不同体长的小龙虾的食物组成及出现频率

样本数	体长（厘米）	出现频率（%）							
		大型水生植物	有机碎屑	藻类	浮游动物	轮虫	水生昆虫	水生寡毛类	虾类
15	3.0～4.0	100	100	86.7	40.0	13.3	20.0	0.0	0.0
26	4.0～5.0	100	100	53.8	11.5	0.0	19.2	3.8	0.0
30	5.0～6.0	100	100	66.7	3.3	0.0	10.0	6.7	0.0
60	6.0～7.0	100	100	70.0	0.0	0.0	3.3	1.7	3.3
25	7.0～8.0	100	100	40.0	0.0	0.0	0.0	8.0	8.0
12	8.0～9.0	100	100	50.0	0.0	0.0	0.0	0.0	8.3
9	9.0～10.0	100	100	33.0	0.0	0.0	0.0	0.0	0.0
3	10.0～10.6	100	100	66.7	0.0	0.0	0.0	0.0	0.0

在人工饲养的条件下，动物屠宰后的下脚料是饲养小龙虾最廉价和适宜的动物性饲料，尤其是猪肝加蚌壳粉，将其投喂小龙虾最利于小龙虾的蜕壳与生长。

10. 蜕壳生长

小龙虾一生要蜕25～32次壳，蜕壳是其生长、发育、增重和繁殖的重要标志，每蜕一次壳，它的身体就长大一次。蜕壳一般在洞内或草丛中进行，蜕壳后，其身体柔软无力，这时是小龙虾最易受到攻击的时期，蜕壳后的新壳要12～24小时才能硬化。

小龙虾幼体阶段一般2～4天蜕壳一次，幼体经3次蜕壳后进入幼虾阶段。在幼虾阶段，每5～8天蜕壳一次；在成虾阶段，一般8～15天蜕壳一次。小龙虾从幼体阶段到商品虾养成需要蜕壳11～12次。

小龙虾的蜕壳与水温、营养及个体发育阶段密切相关。水温高、食物充足、发育阶段早，则蜕壳间隔短。性成熟的雌、雄虾一般1年蜕壳1~2次。据测量，全长8~11厘米的小龙虾每蜕1次壳，全长可增长1.3厘米。小龙虾的蜕壳多发生在夜晚，人工养殖条件下，有时白天也可见其蜕壳，但较为少见。根据小龙虾的活动及摄食情况，其蜕壳周期可分为蜕壳间期、蜕壳前期、蜕壳期和蜕壳后期4个阶段。蜕壳间期小龙虾摄食旺盛，甲壳逐渐变硬；蜕壳前期从小龙虾停止摄食至开始蜕壳，是为蜕壳做准备的时期，在这段时间里小龙虾停止摄食，甲壳里的钙向体内的钙石转移，使钙石变大，甲壳变薄、变软，并且与内皮质层分离；蜕壳期是从小龙虾侧卧蜕壳开始至甲壳完全蜕掉为止，这一阶段持续时间为几分钟至十几分钟不等，笔者观察到的大多在5~10分钟，时间过长则小龙虾易死亡；蜕壳后期是从小龙虾蜕壳后至开始摄食为止，这个阶段是小龙虾甲壳的皮质层向甲壳演变的过程，水分从皮质层进入体内，身体增重、增大，体内钙石的钙向皮质层转移，皮质层变硬、变厚，成为甲壳，体内钙石最后变得很小。

（三）小龙虾的繁殖习性

1. 小龙虾的性别比

对自然状态下小龙虾的性别比例进行调查，结果表明不同的体长阶段的小龙虾的雌雄比例也不同，在全长3.0~8.0厘米和8.1~13.5厘米两种规格组中都是雌性多于雄性。小规格组雌性占总体的51.5%，雄性占48.5%，雌雄比例为1.06∶1。大规格组雌性占总体的55.9%，雄性占44.1%，雌雄比例为1.17∶1。大规格组中雌性明显多于雄性的原因，是在它们交配之后雄性体能消耗过大，体质下降，易导致死亡，雄性个体越大，死亡率越高，说明雄性寿命比雌性要短。

2. 小龙虾的产卵类型及产卵量

小龙虾隔年达到性成熟，9月离开母体的幼虾到第二年的7—8月即可成熟产卵。从幼体到性成熟，小龙虾要进行11次以上的蜕壳。其中幼体阶段蜕壳2次，幼虾阶段蜕壳9次以上。

小龙虾为秋季产卵类型，1年产卵1次。小龙虾雌虾的产卵量随个体的增长而增多，全长 10.0～11.9 厘米的雌虾，平均抱卵量为 237 粒。人工繁殖条件下的雌虾产卵量一般比天然水域中的雌虾多。

小龙虾雌虾的产卵量随个体长度的增长而增大，小龙虾全长与产卵量的关系见表 2-7。全长 10.0～11.9 厘米的雌虾，平均抱卵量为 397 粒。采集到的最大产卵个体全长 14.26 厘米，产卵 397 粒，最小产卵个体全长 6.4 厘米，产卵 32 粒。人工繁殖条件下的雌虾产卵量一般比从天然水域中采集的雌虾产卵量多。

表 2-7　小龙虾全长与产卵量的关系

全长（厘米）	7.65～7.99	8.00～9.99	10.00～11.99	12.00～13.99	14.00～14.26
平均产卵量（粒）	71	142	237	318	385

3. 小龙虾的交配方式

自然状态下，1尾雄虾可先后与2尾以上的雌虾交配，交配时，雄虾用螯足钳住雌虾的螯足，用步足抱住雌虾，将雌虾翻转、侧卧。雄虾的钙质交接器与雌虾储精囊连接，雄虾的精荚顺着交接器进入雌虾的储精囊。交配后，短则1周，长则1个多月，雌虾即可产卵。雌虾从第三对步足基部的生殖孔排卵并随卵排出较多蛋清状胶质，将卵包裹，卵经过储精囊时，胶质促使储精囊内的精荚释放出精子，使卵受精。最后胶质包裹着受精卵到达雌虾的腹部，受精卵黏附在雌虾的腹足上，腹足不停地摆动以保证受精卵孵化时所必需的溶解氧供应。

小龙虾的交配时间随着密度的多少和水温的高低而长短不一，短的只有几分钟，长的则有1个多小时。在密度比较小时，小龙虾交配的时间较短，一般为30分钟；在密度比较大时，小龙虾交配的时间相对较长，交配时间最长为72分钟。交配的最低水温为18℃。

在自然条件下，5—9月为小龙虾交配季节，其中6—8月为高峰期。由于小龙虾不是交配后随即产卵,而是交配后 7～30 天才产卵。在人工放养的水族箱中,成熟的小龙虾只要是在水温合适的情况下都会交配,但产卵的虾较少且产卵时间较晚。在自然状况下,雌雄亲虾交配之前,就开始掘洞筑穴,雌虾产卵和受精卵孵化过程多数在洞穴中完成。

4. 小龙虾受精卵的孵化

小龙虾受精卵的孵化时间与温度有关。水温为 7 ℃,孵化时间为 150 天;水温为 15 ℃,孵化时间为 46 天;水温为 20～22 ℃,孵化时间为 20～25 天;水温为 24～26 ℃,孵化时间为 14～15 天;水温为 24～28 ℃,孵化时间为 12～15 天。如果水温太低,受精卵的孵化可能需数月之久。这就是人们在第二年 3—5 月仍可见到抱卵虾的原因。有些人在 5 月观察到抱卵虾,就据此认为小龙虾是春季产卵或 1 年产卵 2 次,这是错误的。刚孵化出的幼体长 5～6 毫米,靠卵黄囊提供营养,几天后蜕壳发育成Ⅱ期幼体。Ⅱ期幼体长 6～7 毫米,附肢发育较好,额角弯曲在两眼之间,其形状与成虾相似。Ⅱ期幼体附着在母体腹部,能摄食母体呼吸水流时带来的微生物。幼体离开母体后可以站立,但仅能微弱行走,也仅能短距离的游回母体腹部。若在Ⅰ期幼体和Ⅱ期幼体时期惊扰雌虾,会造成雌虾与幼体分离较远,使幼体不能回到雌虾腹部而死亡。Ⅱ期幼体几天后蜕壳发育成仔虾,全长 9～10 毫米。此时仔虾仍附着在母体腹部,形状几乎与成虾完全一致,对母体依然有很大的依赖性并随母体离开洞穴进入开放水体成为幼虾。在 24～28 ℃的水温条件下,小龙虾幼体发育阶段需 12～15 天。

(四) 小龙虾的生长

小龙虾从受精卵开始,经发育变态脱膜成仔虾,再到幼虾、成虾(即性腺发育成熟)一般需 12～24 个月,但在生态环境适宜,饵料充足的情况下,其成熟期可大大缩短。

根据小龙虾的不同生长阶段,可以分为四个时期,即分离期(从受精卵到完全离开母体,这一时期需 40～60 天),幼苗期(经 5～8 次蜕壳,体长达到 2～3 厘米,体重 1～2 克,这一时期需

50～60 天），硬壳期（这一时期需 2 个月左右），打洞期（这一时期一般为 2 个月左右）。小龙虾具备打洞的能力，标志其已进入成体阶段。

（五）小龙虾的繁殖

1. 雌雄鉴别

雌雄个体的外部特征十分明显，很容易区分。雌性体呈暗红或深红，同龄个体小于雄虾，同规格个体螯足小于雄虾，第一对腹足退化，第二对腹足为分节的羽状附肢，无交接器，第三、第四对胸足基部无倒刺，生殖孔开口于第三对基部，为一对暗色的小圆孔，胸部腹面有储精囊；雄性同规格个体螯足大于雌虾，第一、第二对腹足演变成白色、钙质的管状交接器，成熟的雄虾背上有倒刺，倒刺随季节而变化，春夏交配季节倒刺长出，而秋冬季节倒刺消失，生殖孔开口于第五对胸足基部，为一对肉色、圆锥状的小突起。雌雄虾特征对照表见表 2-8。

表 2-8　雌雄虾特征对照表

特征	雌虾	雄虾
体色	暗红或深红	暗红或深红
同龄亲虾个体	个体小，同规格个体螯足小于雄虾	个体大，同规格个体螯足大于雌虾
腹肢	第一对腹足退化，第二对腹足为分节的羽状附肢，无交接器	第一、第二对腹足演变成白色、钙质的管状交接器
倒刺	第三、第四对胸足基部无倒刺	成熟的雄虾背上有倒刺，倒刺随季节而变化，春夏交配季节倒刺长出，而秋冬季节倒刺消失
生殖孔	开口于第三对胸足基部，为一对暗色的小圆孔，胸部腹面有储精囊	开口于第五对胸足基部，为一对肉色、圆锥状的小突起

2. 性腺发育

同规格的小龙虾雌雄个体发育基本同步。一般雌虾个体重 20

克以上、雄虾个体重 25 克以上时，其性腺可发育成熟。雌虾卵巢呈深褐色或棕色，雄虾精巢呈白色。在小龙虾的性腺发育过程中，成熟度的不同会带来性腺颜色的变化。通常按性腺成熟度的等级，把卵巢发育分为灰白色、黄色、橙色、棕色和褐色等阶段。其中灰白色是幼虾的卵巢，卵粒细小不均匀，不能分离，需进一步发育才能成熟。黄色也是未成熟卵巢，但卵粒分明、较饱满，也不可分离，需再发育 1～2 个月可完全成熟并开始产卵。若遇低水温，产卵时间会推迟。卵巢深褐色表明已完全成熟，卵粒饱满均匀，如果用解剖针挑破卵膜，卵粒分离，清晰可见。若在此时雌雄交配，1 周左右即可产卵。常用比较直观的方法是，从亲虾的头胸甲颜色深浅判断其性腺发育状况，颜色越深表明成熟度越好。

（1）性成熟系数的周年变化　小龙虾性成熟系数是用来衡量雌虾性成熟程度的指标，通常用小龙虾的卵巢重与其体重（湿重）的百分比来表示，即性成熟系数＝（卵巢重/体重）×100％。在不同的月份采集多个小龙虾个体，并分别测定其当月的性成熟系数，其平均值就是该月的小龙虾群体性成熟系数。大量的数据表明，小龙虾群体的性成熟系数在 7—9 月的繁殖季节逐渐增大，到 9 月中下旬达到最大值，但产完卵后又迅速下降，在非繁殖季节性成熟系数则处于低谷。

（2）卵巢的分期　依据颜色和大小、饱满程度和滤泡细胞的形状，将小龙虾卵巢分为 7 个时期，见表 2－9。

表 2－9　小龙虾卵巢发育分期

卵巢发育时期	卵巢外观特征
Ⅰ期（未发育期）	卵巢体积较小，呈细线状，白色透明，看不见卵粒；卵粒间隔较稀疏，卵巢外层的被膜较厚，肉眼可明显分辨
Ⅱ期（发育早期）	卵巢呈细条状，有白色半透明的细小卵粒；卵粒之间排列紧密，卵膜薄，肉眼可辨，细胞呈椭圆形，卵黄颗粒很小，规格较一致

（续）

卵巢发育时期	卵巢外观特征
Ⅲ期（卵黄发生前期）	卵巢呈细棒状，黄色到深黄色；卵粒之间间隔小，卵膜薄，肉眼不容易分辨；细胞之间接触较紧密，是处于初级卵母细胞大生长期的细胞，呈多角圆形；卵黄颗粒较Ⅱ期的大
Ⅳ期（卵黄发生期）	卵巢呈棒状，深黄色到褐色，比较饱满，肉眼不能分辨卵膜；卵母细胞开始向成熟期过渡，细胞多呈椭圆形；在 10 倍镜下卵黄颗粒较明显，在 40 倍镜下可以看到大小明显的两种卵粒，大卵粒相对小卵粒较少
Ⅴ期（成熟期）	卵巢呈棒状，该期卵巢颜色为黑色，卵巢很饱满，占据整个胸腔，肉眼不能分辨卵膜；细胞呈圆形且饱满，卵黄颗粒充满整个细胞，卵黄颗粒也最大，卵径为 1.5 毫米以上
Ⅵ期（产卵后期）	此时期小龙虾刚产完卵，卵巢内有的全空，有的有少许残留的粉红色至黄褐色卵粒
Ⅶ期（恢复期）	产后不久，卵巢全空，白色半透明，无卵粒；产卵 30 天后，有卵巢的轮廓，卵膜较厚、透明，卵膜内有的有较稀少的小白色颗粒（卵粒），有的没有

从卵巢的分期可以看出，小龙虾的卵母细胞在各期的发育状态基本一致，通过对产卵后小龙虾的解剖观察可以看出，卵巢几乎无残留卵粒，可以证明小龙虾属一次性产卵类型。

（3）卵巢发育的周年变化　解剖发现，在每年 3—5 月，雌虾的卵巢发育大多都处于Ⅰ期，但也有极少数处于Ⅱ～Ⅲ期。6 月，雌虾的卵巢发育大多都处于Ⅱ期，少数处于Ⅰ期和Ⅲ期。7 月则是雌虾卵巢发育的一个转折点，大部分雌虾的卵巢发育都处于Ⅲ期，仅有少部分处于Ⅱ期和Ⅳ期。8 月，大部分卵巢处于Ⅲ期和Ⅳ期，少量为Ⅱ期和Ⅴ期。9 月，绝大部分雌虾的卵巢为Ⅴ期。10 月，卵巢发育变化最大，大部分处于Ⅴ期，部分虾卵已全部产出，还有部分虾产完卵后，卵巢又重新还原到Ⅰ期。11 月至第二年的 2 月，大部分虾的卵巢处于Ⅰ期。

卵巢发育处于Ⅰ期的小龙虾体色大多数为青色，这些青色虾为不到1年的虾。其体长主要集中在5.0～7.0厘米；而卵巢发育较好的虾，其体色绝大多数为黑红色，这些虾中有1年的虾和2年的虾，体长主要集中在8.1～9.0厘米。卵巢成熟的黑红色虾中，其最长和最短体长分别为10.1厘米和6.1厘米；而卵巢成熟的青色虾中，其最短体长为6.4厘米。

（4）精巢的发育　精巢的大小和颜色与繁殖季节有关。未成熟的精巢呈白色细条形，成熟的精巢呈淡黄色的纺锤形，体积也较前者大几倍到数十倍。小龙虾精巢发育分期见表2-10。

表2-10　小龙虾精巢发育分期

精巢发育时期	精巢外观特征
Ⅰ期（未发育期）	精巢体积小，为细长条形，白色，前端为一小球形，生殖细胞均为精原细胞；在精原细胞外围排列着一圈整齐的间介细胞，能分泌雄性激素；精原细胞数量较少，不规则地分散在结缔组织中间，有较多的营养细胞，但尚未形成精小管
Ⅱ期（发育早期）	精巢体积逐渐增大，呈白色，外观形状为前粗后细的棒状；精小管中同时存在不同发育时期的生殖细胞，但精原细胞和初级精母细胞占绝大部分，还有部分次级精母细胞
Ⅲ期（精子生长期）	精巢体积较大，为淡青色，外观形状为圆棒状；精小管内主要存在次级精母细胞和精子细胞，有的还存在精子
Ⅳ期（精子成熟期）	精巢体积最大，颜色由淡青色变成淡黄色，形状为圆棒状和圆锥状，精小管中充满大量的成熟精子；在光学显微镜下观察到的精子为小颗粒状
Ⅴ期（产后恢复期）	精巢体积明显较Ⅳ期的小，是自然退化或排过精的精巢；精小管内只剩下精原细胞和少量的初级精母细胞，有的精巢内还有少量精子

在当年12月至第二年2月，精巢的体积较小，呈白色细长条形，输精管也十分细小，管内以精原细胞为主。3—6月，精巢体积逐渐增大，形状为前粗后细的细棒状，输精管内以次级精母细胞为主，管内可形成精子。7—8月，精巢变为成熟精巢所特有的浅

黄色，此时有一小部分虾开始抱对。8—9月，精巢的体积最大，精巢颜色变成淡黄色或灰黄色，呈圆棒状和圆锥状，输精管变得粗大，充满了大量的成熟精子，此时大量的虾开始抱对、交配。

10月之后，水温下降，食物逐渐缺乏，精巢发育基本处于停止期，直到第二年3月，水温开始回升，食物逐渐增多，精巢才开始进入下一个发育周期。

3. 繁殖力

常说的繁殖力是指小龙虾产卵数量的多少，是绝对繁殖力。也有用相对繁殖力来表示的。相对繁殖力用卵粒数量同体重（湿重）或体长的比值来表示：

$$相对繁殖力＝卵粒数量/体重$$
$$或 \quad 相对繁殖力＝卵粒数量/体长$$

只有处于Ⅲ期和Ⅳ期卵巢的卵粒才可作为计算繁殖力的有效数据。

小龙虾的繁殖季节为7—10月，高峰时期为8—9月，在此期间绝大部分成虾的卵巢发育处于Ⅳ～Ⅴ期。通过对100余尾小龙虾繁殖力的测定，结果表明，小龙虾的体长为5.5～10.3厘米，平均体长为7.9厘米；体重为7.17～71.05克，平均体重为39.11克；个体绝对繁殖力为172～1158粒，相对繁殖力为2～41粒/克或47～80粒/厘米。体长为10.1～10.3厘米的虾的平均绝对繁殖力为872粒；体长为9.0～9.9厘米的虾的平均绝对繁殖力为453粒；体长为8.1～8.8厘米的虾的平均绝对繁殖力为609粒；体长为7.0～7.9厘米的虾的平均绝对繁殖力为469粒；体长为6.0～6.9厘米的虾的平均绝对繁殖力为376粒；体长为5.5～5.9厘米的虾的平均绝对繁殖力为323粒。由此可见，一般情况下，个体长的虾的绝对繁殖力较个体短的要高，相对繁殖力随体长的增加而增加。

4. 胚胎发育

黏附在小龙虾母体上的受精卵，在自然条件下的孵化时间为17～20天，孵化所需要的有效积温为453～516℃；在此期间，最低水温为19℃，最高水温为30℃，平均水温为25.8℃。而在10

月底以后产出的受精卵，在自然水温条件下，孵化所需要的时间为90～100天，在此期间最低水温为4℃，最高水温为10℃，平均水温为5.2℃。

小龙虾的胚胎发育过程共分为12期：受精期、卵裂期、囊胚期、原肠前期、半圆形内胚层沟期、圆形内胚层沟期、原肠后期、无节幼体前期、无节幼体后期、前溞状幼体期、溞状幼体期和后溞状幼体期。

小龙虾受精卵的颜色随胚胎发育的进程而变化，从刚受精时的棕色，到发育过程中的棕色夹杂着黄色和黄色夹杂着黑色，到最后阶段完全变成黑色。孵化时一部分转变为黑色，一部分转变为透明。

5. 幼体发育

刚孵化出的小龙虾幼体长5～6毫米，悬挂在母体腹部附肢上，靠卵黄囊提供营养，尚不具备成体的形态，蜕壳变态后成为幼虾。幼虾在母虾的保护下生长，当其蜕3次壳以后，才离开母体营独立生活。小龙虾幼体的全长是指从幼虾额角顶端到其尾肢末端的伸直长度，其单位通常用毫米表示。根据小龙虾幼体蜕壳的情况，一般分为4个时期。

（1）Ⅰ龄幼体　全长约5毫米，体重约4.68毫克。幼体头胸甲占整个身体的近1/2，复眼1对，无眼柄，不能转动；胸肢透明，和成体一样均为5对，腹肢4对，比成体少1对；尾部具有成体形态。Ⅰ龄幼体经过4天发育开始蜕壳，整个蜕壳时间约10小时。蜕壳之后进入Ⅱ龄幼体。

（2）Ⅱ龄幼体　全长约7毫米，体重约6毫克。经过第1次蜕壳和发育后，Ⅱ龄幼体可以爬行。头胸甲由透明转为青绿色，可以看见卵黄囊呈U形，复眼开始长出部分眼柄，具有摄食能力。Ⅱ龄幼体经过5天开始蜕壳，整个蜕壳时间约1小时。

（3）Ⅲ龄幼体　全长约10毫米，体重约14.2毫克。头胸甲的形态已经成型，眼柄继续发育，且内外侧不对等，第一对胸足呈螯钳状并能自由张合，可捕食和抵御小型生物。仍可见消化肠道，腹肢可以在水中自由摆动。Ⅲ龄幼体经过4～5天开始蜕壳。

（4）Ⅳ期幼体　全长约 11.5 毫米，体重约 19.5 毫克。眼柄发育已基本成型。第一对胸足变得粗大，看不到消化肠道。该期的幼体已经可以残食比它小的Ⅰ、Ⅱ期幼体，此时的幼体开始进入到幼虾发育阶段。在平均水温 25 ℃时，小龙虾的幼体发育阶段约需 14 天。

6. 繁殖

（1）投放幼虾模式　3 月下旬至 4 月上旬投放幼虾，投放规格在 3～4 厘米的幼虾 7.5 万只/公顷左右，第二年不必投幼虾。

4—5 月为商品虾养殖期，6—8 月为留种、保种期，9 月为繁殖期，10 月至第二年 4 月为苗种培育期。

（2）投放亲虾模式　8 月底前投放亲虾，亲虾投放量为 350～450 千克/公顷，雌雄比例为（2～3）∶1，第二年不必投亲虾。

9 月为繁殖期，10 月至第二年 3 月为苗种培育期，4—5 月为商品虾养殖期，6—8 月为留种、保种期。

（3）投放方法　小龙虾一般采用干法淋水保湿运输，如离水时间较长，放养前需进行如下操作：①先将虾在稻田水中浸泡 1 分钟左右，提起搁置 2～3 分钟，再浸泡 1 分钟，再搁置 2～3 分钟，如此反复 2～3 次，让虾体表和鳃腔吸足水分；②用 5～10 克/米^3 聚维酮碘溶液（有效碘 1%）浸洗虾体 5～10 分钟，具体浸洗时间应视天气、气温及虾体忍受程度灵活掌握；③浸洗后，用稻田水淋洗 3 遍，再均匀取点，将虾分开轻放到浅水区或水草较多的地方，让其自行进入水中。

（4）喂养　4 月开始强化投饵，日投饵量为稻田虾总重的 2%～5%，具体投饵量应根据天气和虾的摄食情况调整。饵料种类包括麸皮、米糠、饼粕、豆渣、小龙虾专用配合饲料，以及绞碎的螺蚌肉、屠宰场的下脚料等动物性饵料，配合饲料应符合 GB 13078 和 NY 5072 的要求。

（5）留种、保种　进行商品虾捕捞时，当商品虾日捕捞量低于 18 千克/公顷时，即停止捕捞，剩余的虾用来培育亲虾。

整田前，在靠近环沟的田面筑好一圈高 20 厘米、宽 30 厘米的小田埂，将田面和环沟分隔开，避免整田、施肥、施药对虾造成伤害，也避免在秧苗没有长壮之前小龙虾进入稻田破坏秧苗，同时也为虾的生长繁殖提供适宜的生态环境。

开挖环沟时适当增加环沟深度和宽度，确保晒田和稻谷收割时环沟内有充足的水，避免虾因温度过高或密度过大而死亡。适当增加水草种植面积以降低水体温度，避免虾过早性成熟并为虾蜕壳提供充足的隐蔽场所。

（6）亲虾培育　宜适量补充动物性饵料，日投饵量以亲虾总重的1％为宜，以满足亲虾性腺发育的需要。

宜适当移植凤眼莲、浮萍等漂浮植物，以降低水体光照度，达到促进亲虾性腺发育的目的。漂浮植物覆盖面积宜为环沟面积的20％左右。宜适量补充莴苣叶、卷心菜、玉米等富含维生素E的饵料以提高亲虾的繁殖力。水草保持在环沟面积的40％左右，水草过多时及时割除，水草不足时及时补充。

（7）繁育管理　10月稻田内有大量幼虾孵出，此时应施入经发酵腐熟的农家有机肥培育天然饵料生物，施用量以1 500～3 000千克/公顷为宜。稻田内天然饵料不足时，可适量补充绞碎的螺蚌肉、屠宰场的下脚料等动物性饵料。12月水温低于12℃时可停止施肥和投饵。第二年3月前后水温达到12℃时开始投饵以加快幼虾的生长。日投饵量以稻田虾总重的1％为宜，后随着水温升高逐渐增加投饵量，具体投饵量应根据天气和虾的摄食情况调整。

二、中华鳖

（一）鳖的生物学特征与生活习性

鳖的形态似龟，呈椭圆形或圆形，体表覆盖柔软的革质皮肤。躯体有背、腹甲：背甲呈卵形，扁平，中央线有微凹沟，两侧稍微隆起；腹甲比背甲小，由七块不同样式的骨板组成，各骨板间有间隙。鳖的背、腹甲与龟的背、腹甲存在明显的差异；鳖背、腹甲的表皮是软组织，不形成角质盾板，只有真皮形成骨质性的骨板；而龟的背、腹甲是由角质性的表角皮盾板和骨质性的真皮骨板所构成。鳖体周边具有胶质的裙边，口感细腻，味美。鳖的头较大，头的前端突出为吻。吻长，呈管状；两个鼻孔着生在吻的前端，便于伸出水面呼吸；口宽，口内无齿，有颌，颌缘覆有角质硬鞘，行使牙齿的功能，可以咬碎坚硬的螺类等；颈长且能收缩，伸长后头颈可达甲长的80%；头伸向背一侧时，嘴尖可以触及后肢部；四肢粗短，每肢有五个趾，内侧三趾有锐利如钩的爪，便于在陆地上爬行、攀登和凿洞，趾间有蹼相连。

雌雄鳖在外观上有明显区别：雄鳖尾长，能自然伸出裙边外；雌鳖尾短，与裙边持平或稍露出裙边。鳖体背面呈暗绿或黄褐色，腹面白里透黄，这是由于背面黑色素细胞居多，夹有黄色素和红色素细胞，而腹部主要是黄色素和红色素细胞。同一种鳖，色素细胞往往因栖息环境不同而发生变化，使体色呈现出不同的保护色。一般鳖的背部在黄绿色的肥水中呈橄榄色，在清绿的水中呈浅绿色，在用温棚加温饲养的肥水中呈暗黑色。成鳖腹部呈乳白色或黄白色。稚鳖、幼鳖腹部呈浅红色。

鳖是主要生活在水中的爬行动物，喜欢栖息在底质为沙性泥土的河流、湖泊、池塘、沟港等水域中。鳖性情怯弱，怕冷喜温，风雨天居于水中，温暖无风的晴天爬到岸边的沙滩上晒太阳。环境宁静、感觉没有危险时，鳖可以长时间在陆地上沐浴阳光，此时可见鳖舒展着四肢及颈部，任阳光照射，晒干背甲、腹甲以及整个体表的水分，晒暖鳖体。鳖的这一行为称为"晒甲"或"晒盖"。晒甲是鳖的一种特殊生理需求，有取暖和杀菌洁肤的作用。通过晒甲可使附着于体表的病菌、寄生虫、青苔、污秽等晒干脱落，防止鳖病和生理障碍的发生。

鳖属变温动物，对外界环境温度变化十分敏感，鳖体温的高低直接影响其活动能力和摄食强度，所以鳖的生活习性与外界温度变化有着十分密切的关系。在露天池中（采用自然水温进行养殖），10月至第二年4月的大约半年的时间里（水温降至12℃以下时），鳖会潜入池底的泥沙中冬眠。冬眠期的鳖，不食、不动、不长，看上去好像完全静止（假死）。在半年的冬眠中，鳖为维持生命，要消耗体内营养物质，导致体重减轻。水温超过 35 ℃时，鳖的摄食能力也减弱，有伏暑现象。有实验证明，鳖的冬眠并非遗传所决定，而是动物体对不良环境的一种保护性适应。低温来临，其代谢水平降至最低程度，以致呈昏睡和麻痹状态，借此减少能量的消耗，保存体能。一旦温度适宜，鳖就"起死回生"，开始从外界摄取食物。

鳖用肺呼吸，时而浮到水面，伸出吻尖呼吸空气，时而沉入水底泥沙中。一般 3～5 分钟呼吸一次，温度越高，到水面呼吸越频繁。当鳖潜入水底泥土里冬眠时，还能依靠其咽喉部的鳃状组织进行呼吸。

野生鳖以摄食动物性饵料为主，在人工集约化养殖的条件下，除投喂动物性饵料外，主要投喂人工配合饲料。一般来说，稚鳖喜食水生昆虫、蚯蚓、水蚤、蝇蛆等；幼鳖及成鳖喜食螺、蚌、鱼、虾、动物尸体和内脏等。在动物性饵料不足时，鳖也摄食瓜菜、谷物等植物性饵料。鳖生性贪食且残忍，在高密度饲养条件下，当缺乏饵料时鳖会互相撕咬残食，即使是刚孵出不久的稚鳖，亦会互相撕咬。鳖在摄食过程中，不主动追袭食饵，往往伏于水底蹑步潜行，待食饵接近，即伸颈张嘴吞之。

鳖为雌雄异体，雌体有左右对称的卵巢，雄体有左右对称的精巢。达到性成熟年龄的鳖每年 4—5 月当水温达到 20 ℃以上时开始发情交配。交配在水中进行，体内受精。据资料介绍，鳖的精子通过雌雄交配进入雌性输卵管中，能保持存活状态并具有受精能力的时间可达半年以上，使雌鳖分批产的卵都能受精。这种特性对其繁殖是有利的，即饲养的亲鳖中雌体数量可多于雄体。鳖在雌雄交配后 20 天左右开始产卵，一般 5 月开始至 8 月结束。在热带地区，鳖不需冬眠，可常年产卵。雌鳖具有离水上岸挖穴营巢的行为，而无护卵天性，产卵后即扬长而去不复返。鳖卵产出后，颜色均一，为圆形、白色。卵径大小悬殊，直径 1.5～2.1 厘米，重 2.3～7.0克。卵的大小取决于亲鳖的体重。湖南师范大学生物系与湖南汉寿县特种水产研究所试验表明：雌鳖的个体大（1.5 千克以上），产卵的数量多，卵子的重量大（5～7 克）；雌鳖的个体小（0.75 千克以下），产卵的数量少，卵子的重量也小（2.2～2.5 克）。受精卵一定要埋没在含水量适当的沙粒中，胚胎才能进行发育，潮湿的沙粒可使温度保持稳定，在沙粒空隙间形成的水珠又是气体交换的媒介。卵的孵化天数决定于沙粒温度的高低。在自然条件下，孵化期一般为 40～70 天。孵化后的稚鳖，经过 1～3 天脐带脱落，由孔穴中爬出地面，寻找水源，进入水中。

鳖在不同饲养阶段的生长速度不同。刚孵化蜕壳的稚鳖（3～5 克）至体重 50 克期间生长缓慢，在适宜温度和人工饲养条件下，日增重一般小于 0.5 克；当个体重量达 50 克以上时，生长速度加快；当个体重量达到 100 克时，生长速度明显加快，日增重可达 2 克以上。了解鳖的生长特征对在生产实践中把握好鳖的个体生长规律，促进其快速生长具有重要意义。刚刚孵化蜕壳后的稚鳖体小、娇嫩、觅食能力差，还易受气温和水温的影响，在这个阶段，既要重视优质饲料的投喂，又要考虑加温饲养，让稚鳖的个体重量早日达到 50 克水平，俗称"过 50 克关"。当鳖个体重量达到 50 克以上时，要重视饲料的质和量，加强饲养和水质管理，使孵化蜕壳后的稚鳖经一年左右的时间即可达到商品规格（400～750 克）。

鳖个体之间生长速度有明显的差异，即在相同的饲养条件下，同源稚鳖经历相同的饲养时间，不同个体的生长速度存在着很大的差异。湖南省 1988—1989 年进行的试验表明，在同一饲养条件下，孵化蜕壳的稚鳖（个体均重 4.2～4.5 克）经过 12～13 个月的饲养，全部起捕个体均重 308.4～342.3 克，最大个体重量为 1 000 克，最小个体重量为 48 克，大小相差 20 倍，这种差异与鳖受精卵的大小和鳖争食能力强弱有密切关系。因此，在鳖的养殖生产过程中，一要重视亲鳖的选育，确保繁育出体质健壮的稚鳖；二要定期按鳖的体重、规格分级分池饲养，尤其在集约化控温养鳖生产中，从稚鳖开始，就必须严格地将大、小鳖分开饲养，并不断地调整，尽量将规格、体重一致的鳖放在同一池内饲养，既保证鳖生长迅速，又使鳖出池规格整齐。

不同性别、不同体重阶段鳖的生长速度也存在明显差异。据测定，鳖体重在 100～300 克，雌性生长速度快于雄性；300～400 克，雌雄生长速度相近；400～500 克，雄性生长速度快于雌性；500～700 克雄性生长速度几乎比雌性快 1 倍。

（二）鳖对环境条件的要求

1. 水温

适宜鳖摄食和生长的水温为 25～32 ℃，最适水温为 30 ℃。鳖在 30 ℃水温中生长最快，饲料利用率最高。水温 20～25 ℃时，鳖摄食量明显减少；水温低于 20 ℃几乎不摄食。尤其在加温饲养下已经习惯了高水温的鳖，其摄食的水温范围更窄。水温超过 35 ℃，鳖摄食能力也减弱，有伏暑现象。

2. 水质

鳖虽然用肺呼吸，但因大部分时间生活在水中，水质的好坏依然直接影响着鳖的生长效果。因此，用于养鳖的水体，要求水质无毒、无污染，pH 7～8，溶解氧 4～5.5 毫克/升，氨含量不超过 50 毫克/升。水中浮游生物要求生长繁茂，水体透明度在 20～25 厘米，并使水保持绿色。绿色的水使鳖置于隐蔽状态下，有利于避免鳖互咬，提高成活率。鳖的耐盐力差，据资料报道，鳖在盐度 15 以上，24 小时内全部死亡；盐度 10 左右，9 天后全部死亡；盐度 5 以下可以生存 4 个月。因此，养鳖用水盐度必须控制在 5 以下。

3. 底质

根据鳖的生活习性，养鳖的饲养池底部要铺设一层泥沙。泥沙不仅可以净化水质，更重要的是可作为鳖的栖息场所。鳖每天除了摄食、晒背等活动外，大部分时间都潜伏于泥沙中。铺设在池底的泥沙，在常温（即室外）养殖池中，以带沙性的泥土为好。这种泥土长时间使用仍柔软，鳖钻潜时不易受伤。而集约化控温养殖鳖池底，最好铺设河沙，因为这种沙中泥土少，换水和冲洗时，不易被水冲走。

（三）鳖的繁育

1. 亲鳖的选择

选择优良亲鳖是人工繁殖的重要保障，也影响整体生产效益。

供人工繁殖的亲鳖都应以个体肥大、健壮、无伤残、性成熟年龄适宜为标志。

（1）年龄及体重 亲鳖的性成熟年龄随地区和气候而不同，高温地区生长期短，性成熟早；低温地区生长期长，性成熟晚。例如在我国台湾省南部及海南省 2～3 年性成熟，华南地区 3～4 年，华中地区 4～5 年，华北地区 5～6 年，东北一带鳖的性成熟则在 6 年以上。据资料介绍，体重 2 千克以上的雌鳖，在饵料丰富的情况下，产卵季节 1 个月产 1 次卵，每次 20～30 个，个体卵重 5～7克，孵出的稚鳖亦大些，成活率高。0.5 千克的雌鳖，在饵料少的情况下，一般两个月才产 1 次卵，每次 5～7 个，卵的个体重量只有 3～4 克，孵出来的稚鳖只有 3 克左右，而且成活率低。所以，亲鳖选择得当，不但产卵量多，卵粒大，而且孵出来的稚鳖体质健壮，越冬成活率亦高。在生产实践中，一般选择性成熟后 2 年以上、体重 0.75 千克以上的鳖作为亲鳖。

（2）体质 供人工繁殖用的亲鳖，要求体质健壮，无病无伤。鳖的鉴别方法简述如下。

① 外观体表无创伤，后缘革状皮肤厚，有皱纹且略坚硬者为营养良好、体质健壮的鳖，反之则为劣质的鳖。

② 将鳖翻过身来，背部朝下，凡吞进针或钩的鳖一般颈部水肿，伸缩困难，翻不过身或翻身困难；而健壮的鳖，一般都可迅速翻过身来。

③ 抓住鳖的脖子，上下检查，如鼻孔或口腔流血，说明颈部或口腔含针或钩，是受伤的鳖。

④ 将鳖放入水槽内，观其活动情况，如鳖行动活泼，反应敏捷，并能迅速潜入水底，钻进泥沙，说明体质健壮。鳖的生命力较强，一般用钩或针钩过的鳖在购买时虽活动正常，但绝大多数在买回后不久即会死亡，也有拖至半年以上才死的，故选购时须慎重。

从野外捕获或市场上购买的野生鳖，不宜直接饲养，如欲作为种鳖，须经一段时间驯养，使其体态肥满。因此，在有条件的地方应尽可能选用养殖的鳖作种鳖。

（3）判断性别　选留亲鳖，必须准确判断亲鳖的雌雄性别。雌雄鳖的鉴别主要依其外部形态，如尾部、体形、背甲等特征，其中尾部的长短差异最为明显，是区分雌雄鳖的主要标志（表2-11）。

表2-11　雌雄鳖的外部形态特征

鉴别部位	雌鳖	雄鳖
尾部	较短，不能自然伸出裙边外或外露很少	较长，能自然伸出裙边外
体形	圆	稍长
体高	高	隆起而薄
背甲	呈卵圆形，前后基本一致	呈长卵圆形，后部较宽
腹部中间的软甲	"十"字形	曲玉形
后肢间距	较宽	较窄
体重	同龄小于雄性约20%	同龄大于雌性约20%
生殖孔	产卵期有红肿现象	产卵期无红肿现象

2. 亲鳖的培育

加强亲鳖培育是提高鳖卵孵化率的首要条件。在亲鳖的培育过程中应重点做好池塘清整、雌雄比例和放养密度确定以及饲养管理等工作。

（1）池塘清整　池塘是鳖的生活场所，其环境条件良好与否，直接影响鳖的生长和生活，因此，改善池塘环境条件，是提高鳖成活率的一个重要环节。池塘经养殖鳖2～3年后，一部分饵料残渣和鳖粪等沉积到塘底，加上雨水冲洗入池的泥土杂质，使塘底堆积大量淤泥和有机物，导致各种有害的致病菌和寄生虫大量繁殖，影响亲鳖的生长发育。此外，有机物发酵分解，产生大量的氨、甲烷、硫化氢等有害物质，也会危害鳖的生长发育。

亲鳖池的清塘可每2～3年1次。清塘时间以10月中下旬为宜。过早，亲鳖摄食与活动活跃，起捕后互咬现象严重，伤口易感染，影响成活率；过迟，天气太冷，亲鳖活力减弱，往往因不能钻泥而冻死。清塘时，先将池水排干，捕出塘内亲鳖，放进暂养池暂养，然后将部分底泥和脏物挖出，塘底曝晒数日，再用药物清塘。

用于清塘的药物有生石灰、漂白粉、茶饼等，尤以生石灰效果最好。生石灰清塘既能杀菌消毒，又能中和酸性物质、改良底质并满足鳖对钙的需要。生石灰的用量一般为每亩100～150千克，使用时先把其化成灰浆，趁热全池泼洒。此后再补添一些新泥沙，然后向池内注入新水，7～10天药性消失后把亲鳖移入。清塘后需施入一定量的有机肥料，以利于鳖的生长和冬眠。每年要定期或不定期地对鳖池加以修整，如加固防逃墙，修整"晒甲"场和产卵场、疏通进排水渠等，给鳖提供一个舒适安逸的生活场所。

（2）雌雄比例和放养密度确定 由于鳖的精子在输卵管内能存活半年以上且仍有受精能力，所以雄性亲鳖可适当少养，以利于提高产卵数量和经济效益。亲鳖的雌雄比例以4∶1为宜。如果雌鳖太多，卵的受精率会下降；雄鳖过多，容易引起互咬，饲料消耗多，不利于提高苗种的生产效率。在确保均达到性成熟年龄的前提下，雄性个体的体重最好较雌性低。亲鳖的放养密度，依亲鳖的个体大小而定，个体大少放，个体小则适当多放。一般每1～1.5米²放养1只。

（3）饲养管理 要使亲鳖生长迅速，发育正常，产大卵，孵大苗，必须加强对亲鳖的饲养管理。亲鳖的饲养管理贯穿于整个亲鳖活动期。8月中旬亲鳖产卵刚结束，体质较弱，体内营养不足，加之温度逐步下降，亲鳖仅能利用1个多月的时间摄食。且亲鳖产卵后，性腺发育很快转入下一个周期。9月雌鳖卵巢系数为1.4%，到10月底迅速增长至5%。因此，亲鳖产卵后，必须及时投喂蛋白质含量较高、营养丰富的饲料，以保证亲鳖冬眠时营养供给充足，并促使其性腺发育良好，确保来年产卵量多。10月下旬至第二年4月上旬，亲鳖进入冬眠期，应加深池水，保持水深1.3～1.5米，以使其安然越冬。越冬期间不要经常调换池水，以免惊扰正在越冬的鳖。为保持池水清新，一般每半个月至1个月调换池水1次，每次换水量以1/5～1/4为宜。4月中旬，当水温达到20℃以上时，亲鳖苏醒活动，开始发情交配，此时应注意水质变化，及时进行池塘消毒，适当降低水位，以提高池塘水温，并投入一定数量的活动栖息台，让其晒背，提高体温。5月上旬，水温上升到22℃以上，鳖开始觅食，此时宜先投喂少量营养丰富、易于消化吸收的（以新鲜动物为主）饲料，以后随水温上升，再增加投喂量。5月下旬开始，鳖进入产卵期，以投喂蛋白质丰富、营养全面的动物性饲料为主，以植物性饲料为辅，以满足亲鳖对营养物质的需要，促进生长，加快发育，提早产卵，多产卵。此外，还须注意池塘水质的变化，确保池水保持新鲜、溶解氧适宜。6月中旬到7月下旬，是一年中气温最高的时期，也是鳖产卵的旺季，此时产卵量一般占全年总产卵数的80％以上。由于鳖属多次产卵型动物，需要从外界源源不断摄取营养，才能保证卵子的发育成熟。因此一方面须强化投饲，由每天1次逐步增加为2～3次；另一方面饲料营养结构要求多元化，可以螺、蚌、动物内脏、人工配合饲料为主，再适当喂些植物性饲料。日投饵量为鳖体重的6％～12％，其中人工配合饲料3％～5％。同时应注意池塘水质变化，因为此时鳖的活动频繁，摄食量大，排泄物多，加之天气热、水温高，池底腐殖质易腐烂分解，产生有害气体如甲烷、硫化氢等，对鳖的生长发育极为不利，因此，要经常加注新水，保持水质清新。5—9月，每半月需用生石灰化浆泼洒一次，使池水呈20～30毫克/升的浓度，以改善水质及防止鳖病的发生与流行。

3. 交配与产卵

（1）交配 一般到4月中旬，当水温上升到20℃以上时，雌雄亲鳖开始发情、交配。交配前，雌雄鳖在水中潜游戏水追逐，往往是雄鳖急游追逐雌鳖，进而慢爬缠绵，互咬裙边，最后雄鳖骑在雌鳖背上，将生殖器插入雌鳖生殖孔内，约5分钟完成交配动作，然后各自分开。雌雄鳖的交配行为不限于产卵前的4—5月，产卵后的秋天也有交配，雄性射入雌性生殖道内的精子可以长时间存活，一直到第二年5—8月仍然保持受精力。

（2）产卵 产卵与温度密切相关。水温28～32℃，气温25～30℃适宜于鳖产卵，故5月中旬至8月上旬是鳖的产卵季节，6—7月是鳖产卵的高峰。产卵通常在夜间进行，尤其在雨后的傍晚地面潮湿时，雌鳖从水中爬上岸，选择疏松的沙土环境挖穴产卵。产卵时用前肢抓住土壤，固定身躯前部，用后肢交替挖一个直径5～8厘米，深10～15厘米的洞穴。洞穴挖好之后，鳖把泄殖孔伸入洞口产卵。产卵完毕后，用后肢将掘出的松土扒入洞穴中将卵盖住，直到填满洞口，并以腹甲压平沙面，然后返回水中。鳖的这种行为有防止卵水分散发、被阳光直射，以及不遭受敌害破坏的作用。

鳖对产卵位置的选择有较敏感的勘察能力。据资料报道，观察鳖的产卵场所，能预测该年的旱涝情况。如果当年有洪水，鳖就选择地势高的地方产卵，以防洪水淹卵；如果当年天旱，鳖就选择地势低的地方产卵，以防卵受干旱。这是鳖繁衍后代、保存自身的一种天性。

鳖为典型的多次产卵类型，每只成熟雌鳖一年内在生殖季节产卵3～5次（窝），每次8～15个，也有少至2个或多至20多个的。一只雌鳖在一年内能产多少次卵，每次产多少个卵，个体之间存在明显的差异，这与其年龄、体重、摄食饵料和生长条件密切相关。从产卵潜力来看，体重0.75～2.5千克的雌鳖，在摄食饵料和生长条件都比较正常的情况下，可以产卵30～70个。就目前国内的饲养水平看，实际远远达不到这个指标，一般是20～30个，还有比这个水平更低的。所以，产卵潜力与实际的产卵数量还存在很大的距离，需要缩短这种距离，以期获得更好的经济效益。

4. 提高雌鳖产卵量的措施

科学饲养管理的概念主要包括两方面：一是提供足够合乎营养学原理的饲料；二是保持合理的生长条件。只有最大限度地满足这两方面的要求，才能使雌鳖的产卵量达到最大。

（1）投喂优质饵料　鳖是动、植物性饵料都摄食的杂食性动物，尤喜食蛋白质含量高的动物性饵料。多年的养殖实践证明，用动物性饵料饲养亲鳖，产卵开始时间早，产卵数量多，产卵次数多。这是因为鳖是多次产卵类型，性腺发育是分期分批进行的，成熟一批产出一批，再发育再产出。而性腺发育速度又与亲鳖从外界摄取物的营养密切相关，从外界摄取物的营养好，性腺发育快；反之则慢。因此，饲养亲鳖应尽可能投喂动物性饵料（如螺、蚌、鱼、虾等）或人工配合饵料。动物性饵料尤以鲢、鳙鱼肉动物蛋白含量高，且鳖喜食；人工配合饵料是用动物性饵料和植物性饵料混合而成的，不但动物蛋白含量高，而且营养丰富，经济实惠。但使用人工配合饲料饲养亲鳖时，最好能在饲料中加入一定量的鲜活动物饲料及南瓜叶等新鲜植物饲料，这样才能最大限度地满足亲鳖的营养需要，促使其性腺迅速发育，从而提高其产卵量。

（2）延长光照时间　据资料报道，在冬季加温（恒温 30 ℃）条件下，为了提高产卵量，采用延长光照时间的方法可获得较好的产卵效果。其方法是在温室内安装日光灯，使水面光照强度达到 3 000 勒克斯（相当于夏天 07:00—08:00 和 14:00—19:00 的光照强度），这样便把冬天的光照时间延长和夏天一样，可使鳖第一年的产卵期延长到 5—10 月。采用这种方法，体重 2 千克的雌鳖一年产 188 个卵，比不用光照处理的雌鳖产卵量提高 3～5 倍。因此，在亲鳖的饲养期中，除要有良好的水质、底泥条件、适宜的温度，还应尽可能地延长光照时间，增加光照度，从而提高雌鳖的产卵量。

5. 鳖卵的孵化

（1）鳖卵的采集　鳖产过卵的地方，多少有点凹陷，产卵穴周围的泥土比较新鲜，因此只要在清早进行检查便容易发现。当发现产卵后，不要立即移动卵粒，避免因震动而影响胚胎发育，只在旁边插上标志即可。

鳖卵的采集一般在产后的 8～12 小时为宜。采卵时，要小心地用手将覆盖的沙子扒开，扒沙时动作要轻，避免损伤卵壳，受伤的卵壳不能孵化出稚鳖。卵粒取出后，要逐一进行检查，将受精卵留下孵化，非受精卵进行处理（食用）。受精卵和非受精卵的鉴别方法：手持卵对着强光源，如卵的一端有一圆形的白色亮区，随着胚胎发育的进展和胚周区的增长，白色亮区也逐渐扩大，则证明是受精卵；如果产出的卵无白色亮区或白色区若暗若明，又不继续扩大，则为未受精卵。检查后，将受精卵动物极（有白色的一端）向上，整齐排列在收卵箱中，移入孵化场孵化。在鳖每次产卵后，应将产卵场进行清整，把原来的产卵洞口用泥沙填满压紧，以便鳖再次产卵。干旱季节，适当洒水，使之保持湿润状态；在雨天，要使产卵场排水畅通，防止场内积水导致洞内的卵窒息死亡。

（2）鳖卵孵化的条件　有实验证明，受精卵能否进行正常的胚胎发育，在很大程度上取决于环境条件，主要是指与鳖卵接触的沙子的温度、湿度和通气状况（氧气）。这三者称为鳖卵孵化的三要素，三者之间相互影响，缺一不可。现将三个要素的具体要求分述如下。

① 温度。鳖卵孵化能适应的温度为 22～36 ℃，最适宜的温度是 34～35 ℃；低于 22 ℃时，胚胎发育停止；高于 37～38 ℃时胚胎死亡。鳖卵在孵化过程中对温度反应极为敏感，在适宜的温度范围内，每升高 1 ℃，就可显著地加快胚胎发育速度，当温度为 33～34 ℃时，胚胎发育经历的时间为 37～43 天；温度提高到 35～36 ℃，胚胎发育的时间可以缩短到 36～38 天；而当温度是 22～26 ℃时，胚胎发育需 60～70 天。孵化率与孵化温度密切相关，孵化温度越低，孵化率越低，这就是为什么 8 月中、下旬产出的卵，在自然条件下孵化不出稚鳖的原因。

② 湿度。指与鳖卵接触的沙子的含水量。沙子的含水量以 7%～8% 为宜。含水量太高（25% 以上），鳖卵易闭气而死；含水量太低（低于 5%），鳖卵内所含水分容易蒸发，卵"干涸"夭折。在实际孵化中，检查沙子的含水量比较容易又实用的方法是用手握沙成团，松开手沙落地即自然散开为适宜含水量。

③ 通气状况。是为了保证鳖卵内胚胎发育所必需的氧气，防止胚胎将因缺氧而死亡。在鳖的胚胎发育过程中，必须设置温床沙盘，一定要把受精卵埋没在含水量适当的沙粒中进行孵化。因此，沙子的粗细度是影响沙子通气状况的主要因素。一般以粒径 0.5～0.6 毫米为宜，如果沙子太粗（粒径 1 毫米以上），虽然通气好，但保水性差，不能保持沙子的适当湿度；如果沙子太细（粒径 0.1 毫米以下），虽然保水性好，但通气差，容易板结。

（3）鳖卵的人工孵化方法　鳖卵在自然条件下，一般需经过
50～70 天时间的发育，即其孵化积温达到 3.6 万℃左右时，稚鳖
才能破壳而出。因自然环境条件变化激烈，如烈日曝晒烧坏卵胚
胎；久旱无雨，泥土干燥，导致卵胚发育均得不到应有的湿度；暴
雨或久雨使产卵洞渍水，致使卵胚在洞内闭气而死。另外，野外的
蛇、鼠、蚁经常危害吞食鳖卵，因此其孵化率很低。采用人工孵化
的方法，可以提高受精卵的孵化率，缩短孵化期，增加当年稚鳖的
养殖时间。目前，常见的人工孵化方法有如下几种。

①孵化场孵化。鳖人工孵化场适宜于大批量繁殖生产。要选
择地势高、排水条件好的地方修建，面积大小依繁殖稚鳖的生产规
模而定，一般可为 4～8 米²。孵化场的式样为长方形，长宽比例为
2：1 或 4：1。孵化场的四周用砖砌成高 1.0～1.2 米的矮围墙，在
墙基和墙壁上开设排水孔和通气孔。沿围墙外侧，开辟一条围沟，
围沟宽 15 厘米，深 10 厘米，以便灌水防御敌害。孵化场内，按
5°～10°的倾斜坡度，筑成斜面的孵化床。孵化床的底部铺垫
20～30 厘米厚的碎石（卵石）或粗沙，以增强孵化床的滤水性能；
在碎石、粗沙的表面再铺设 20 厘米厚的细沙。孵化时，细沙要保
持适宜含水量。在孵化床的斜面最低处，埋设一个水盆（或脸盆），
使盆口与孵化床的沙层表面保持在同一个水平面上，盆内盛清水，
便于刚蜕壳的稚鳖迅速爬入水盆内。在孵化场四周矮墙的上部架设
钢筋或竹、木架，在架上覆盖塑料薄膜、帆布、芦席或开设玻璃
窗，遮盖整个孵化场的顶部。收集受精卵后，可按产卵的先后次
序，从高处往低处依次整齐排列在孵化床上，卵与卵之间稍留间
隔。把卵排列好以后，再在上面覆盖 2 厘米厚的沙子。

孵化期间，孵化场的温度应控制在 26～36 ℃，以 27～33 ℃为
最佳。当温度偏低时，可在场内安装一个或数个大功率的电灯泡，
以提高温度；若温度上升到 37 ℃以上，会烧坏胚胎时，应及时采
取降温措施（如在孵化床上洒水或用芦苇遮太阳等）。孵化场内要
保持一定的湿度（81%～85%），因此要及时洒水，如遇烈日、干
旱，更要勤洒水，但要注意防止沙床积水、涝渍。孵化场的日常管

理，除注意调节温度、湿度及沙子含水量以外，还要防止蛇、鼠、蚁等敌害进入孵化场。鳖受精卵孵化出壳的前 30 天，胚体对震动较敏感，容易造成胚胎死亡，故不要轻易翻动。

② 采用恒温箱孵化。可以使用市场上出售的隔水式电热恒温恒湿箱，恒温箱的样式很多，多采用体积为 65 厘米×65 厘米×50 厘米的规格。恒温箱内可安置 4～5 层隔板，在每层隔板上放置一个陶瓷盘作为孵化盘。在盘内先铺垫 4～5 厘米厚的小粒径（0.6 毫米）沙子，然后将受精卵整齐地埋植在沙中（注意让卵粒的动物性极向上），再在卵粒上轻轻盖上 1～2 厘米厚的小粒径（0.6 毫米）沙子。

恒温箱内的温度控制在 32～33 ℃，湿度可保持 81%～85%，甚至可将湿度稍提高到 85%～90%，因为恒温箱内温度较高且保持恒定。为了防止恒温箱内孵化盘的沙粒干燥，要经常洒水。

恒温箱内的孵化盘中不设水盆，按鳖胚胎所需的积温推算，待稚鳖临近蜕壳前，将恒温箱内的孵化盘移入室内的沙槽或孵化场中，这样可获得好的孵化效果。

③ 室内沙槽和木箱孵化。

a. 室内沙槽孵化。在较凉爽的室内地面，用砖砌成一个长 2 米、宽 1 米、高 0.5 米的长方形地面槽，槽内铺垫 30 厘米厚的沙子（沙粒径为 0.6 厘米），沙床中央埋入一个口径为 30 厘米的水盆，盆口要与沙床表面呈水平，在盆内盛清水，室温保持 27～35 ℃，沙床要保持一定含水量。在孵化槽的沙床上埋植受精卵。孵化管理方法同孵化场孵化。

b. 木箱孵化。在室内放置一个规格为 60 厘米×30 厘米×25 厘米的木箱，木箱内铺垫 20 厘米厚的细沙。在箱内细沙中埋入一个盛水的小容器，使小容器的口与沙层表面保持在同一水平面上，以保持适宜的温度及沙子的含水量。这种木箱每个可孵化鳖受精卵 100～150 枚。

上述三种不同的孵化方式，只要加强管理，均可获得好的效果（表 2 - 12）。尤其是电热恒温恒湿箱，不仅可以获得较高的孵化率

（93％），而且还可以缩短近 1/3 的孵化时间（整个孵化期只要38～39 天）。

表 2 - 12   三种不同孵化方式及其效果比较

孵化方式	受精卵数目（枚）	孵化条件		孵化时间（天）	孵化稚鳖数（只）	孵化率（％）
		湿度（％）	温度（℃）			
室外孵化场	187	81～85	25～35	50～52	172	92
室内木箱	187	81～85	26～33	56～58	135	72
电热恒温箱	185	90	32.5～33.5	38～39	174	94

当稚鳖即将出壳时，前肢先刺出，随之头部撞出壳外，经 4～5 分钟的紧张撞击后，全身蜕壳，顷刻带着羊膜（胎膜）迅速逃入水中。刚出壳的稚鳖，其腹部羊膜尚未脱落，还有豌豆大的卵黄囊未被完全吸收。因此，需要在盆内暂养 1～2 天，待卵黄囊被完全吸收，羊膜脱落后，再转入稚鳖饲养池培育。

孵化大量的受精卵时，人们常采用一种很重要的技术——人工引发出壳术。具体方法是在人工孵化的后期，根据孵化的温度及时间，推算出鳖受精卵孵化的积温，并通过观察，当孵化卵的卵壳颜色由红色完全变成为黑色，然后黑色进一步消失时，稚鳖即将出壳。此时，从沙床上取出即将破壳的卵，放入一个容器中（可用脸盆），再徐徐倾入 20～30 ℃的清水中，完全浸没所有的卵为止。静观几分钟，稚鳖陆续破壳而出。若在清水盆内，经 10～15 分钟的浸泡，尚有些卵不能破壳，则应立即将卵捞出，重新放置在孵化沙床中。采用人工引发出壳术的原理是通过突然降温 2～3 ℃，刺激卵壳，使稚鳖破壳而出。这种方法可以消除稚鳖出壳参差不齐的现象，使稚鳖成批出壳，便于管理。但笔者认为，采用这种方法进行蜕壳的稚鳖由于大部分发育不充分，在以后的饲养过程中容易暴发各类疾病，故不提倡采用此法蜕壳。

（4）孵化期间的注意事项

① 防止震动。孵鳖不同于孵鸡，不能在孵化期间翻动鳖卵，

否则胚体会受伤甚至死亡。而鸡卵的孵化则反之。因此，切不可把孵鸡的经验应用于孵鳖的工作中，这点尤应引起农村养殖专业户的注意。主要原因是鳖卵只有少量稀薄的蛋白系带，且卵中无蛋白系带，若在孵化期间翻动，使动物性极朝下，植物性极朝上，会导致植物性极压迫动物性极产生缺氧而死亡。而鸡卵有蛋白系带，翻动后胚胎的动物极始终保持朝向上方，易于得到氧气。

②控制温度、湿度。前面已提及温度、湿度是鳖卵孵化的制约因素，温度适宜，湿度则是调节因素；湿度适宜，温度则是控制因素。这两者的协调，是保证鳖胚胎发育的最基本的环境因素。温度过高或过低，沙子太干或太湿，均不利于鳖的胚胎发育。尤其在孵化后期，胚胎对环境的变化更加敏感，气体的交换更加频繁，若不注意控制温度、湿度，胚胎在发育的晚期极易死亡。

（四）鳖的饲料

在生产实践中，常用的鳖饲料很多，一般可分为动物性饲料、植物性饲料和人工配合饲料三大类。

1. 动物性饲料

动物性饲料包括贝类（螺蛳、蚌、蚬等）、甲壳类（虾、水蚤等）、鱼类、蚯蚓、蝇蛆、蚕蛹，以及血粉、鱼粉、骨粉、畜禽加工的下脚料等。这些饲料营养全面，蛋白质含量高，且必需氨基酸种类齐全，故营养价值高，是养鳖的理想饲料。但动物性饵料来源有限，成本高，且不易保鲜。

2. 植物性饲料

植物性饲料包括各种饼类（豆饼、花生饼、棉籽饼、菜籽饼等）、粮食类（黄豆、小麦、玉米、大米、高粱等）以及菜类和瓜果等。这类饲料营养价值也较高。但由于所含的氨基酸种类不齐全且量少，尤其蛋氨酸、赖氨酸含量偏低，单独使用饲料系数较高，所以应与含氨基酸种类齐全的动物性饲料搭配使用，才能获得良好的饲养效果。

3. 人工配合饲料

随着养鳖商业化生产的逐步发展，为了解决饲料的短缺和改善单一饲料营养成分不全面的状况，近年来开展了人工配合饲料的研制，并取得了较好的成效。生产实践证明，使用人工配合饲料养鳖有如下优点：

① 人工配合饲料能依据鳖的不同生长发育阶段对营养物质的需求，有针对性地设计相应的饲料配方，因而能满足鳖生长发育各阶段的营养需求，最大限度地促进鳖体增重，达到提高产量的目的。

② 人工配合饲料是使用多种动物性、植物性饲料配制而成的，因此，饲料来源广泛，配制成的饲料比单一成分的饲料营养丰富全面、经济实惠。

③ 人工配合饲料可以加工成型，既可减少饲料散失，节约饲料；也可减少由于饲料散失而导致的水质污染，从而为鳖创造良好的生活环境。

④ 人工配合饲料的加工生产可以实现机械化，生产效率高，且产量大，能满足集约化养鳖的需要。

⑤ 使用人工配合饲料养鳖，可以降低饲料系数和生产成本，增加单位面积产量，提高经济效益。湖南省水产研究所用鳗鱼配合饲料养鳖，饲料系数为 1.5～2.0，即投喂 1.5～2.0 千克鳗配合饲料可产商品鳖 1 千克。

在配制鳖用配合饲料时要注意掌握以下几个方面的原则。

（1）配比合理　在配制鳖用配合饲料时，必须了解饲料中各种原料的营养成分，这样才能根据鳖的营养需要，确定营养平衡的饲料配方，配制全价配合饲料。

（2）黏合性能好　人工配合饲料的黏合性能差，会造成饲料中各种原料的散失，导致饲料浪费及水质污染。所以鳖用人工配合饲料的配制和成型要充分考虑黏合性和抗水性。目前，常用的黏合剂有小麦粉、普通淀粉、α-淀粉、羟甲纤维素、海藻胶和微生物胶等。但要使饲料的黏合性能好，投放水中长时间（4 天以上）不溃散，除在饲料中按一定比例（一般 20%）添加 α-淀粉外，还要添加一定量（10% 以下）的羟甲纤维素。

（3）考虑要全面　生产人工配合饲料要考虑到原料的来源及经费核算，要有利于贮藏、运输和使用。鳖用配合饲料的几种配方实例见表 2 - 13 至表 2 - 15。

表 2 - 13　鳖用饲料配方 I

饲料成分	北洋鱼粉	淀粉	大豆蛋白	豆饼	引诱剂	啤酒酵母	食盐	维生素预混剂	矿物质混合物
所占的百分比（%）	60	2	6	4	3.1	3	0.9	0.5	0.5

表 2 - 14　鳖用饲料配方 II

饲料成分	鱼粉（进口）	淀粉	添加剂	添加剂：干酵母粉、脱脂奶粉、脱脂豆饼、肝脏奶粉、血粉、矿物质、维生素等
所占的百分比（%）	60～70	20～25	适量	

表 2 - 15　鳖用饲料配方 III

饲料成分	鱼粉（进口）	黄豆粉	α-淀粉	添加剂	添加剂：酵母、多种维生素混合剂、骨粉、食盐
所占的百分比（%）	60	20	20	适量	

三、水　稻

稻小龙虾综合种养的稻田一般只种植一季中稻。我国水稻品种很多，但适宜于稻小龙虾综合种养的水稻品种应当选择通过国家审定，米质达到国家标准 3 级以上的株型紧凑、高产优质、抗病和抗倒伏，叶片开张角度小，且耐肥性强的中稻品种。水稻品种的生育期也是稻小龙虾综合种养水稻品种的重要参考指标，要求其生育期相对较短，一般为 125～130 天。

第三节 发展潜力分析

小龙虾是欧美市场最受欢迎的水产品之一。西欧市场每年的消费量为 6 万~8 万吨，其自给率仅为 20%；美国一年的消费量为 4 万~6 万吨；瑞典是小龙虾的狂热消费国，每年举行为期 3 周的龙虾节，每年进口小龙虾达 5 万~10 万吨。

小龙虾已成为我国大量出口欧美的重要淡水产品。1988 年湖北省首次对外出口小龙虾，2014 年我国小龙虾的出口量最大，达 3 万吨，创汇 3.82 亿美元。近几年，随着国内小龙虾的市场价格的不断攀升，出口量有所下降，2017 年我国小龙虾的出口量为 1.93 万吨，创汇 2.17 亿美元。

小龙虾也是国内大众餐桌上的美味佳肴。随着人们生活水平的提高，居民对水产品的消费需求有了更高的要求，小龙虾作为一种新的大众食品，具有营养价值高、味道鲜美等特点，已成为广大城乡居民喜爱的菜肴，在市场上十分畅销，是目前市场上水产品销量最多的水产品种之一。以小龙虾为特色菜肴的餐馆、排挡遍布全国各地的大街小巷，尤其在武汉、南京、上海、北京、常州、无锡、苏州、合肥等大中城市，年均消费量在万吨以上，其中以麻辣为特色的油焖大虾吃法更是风靡全国，潜江的"油焖大虾"已被列入"中国名菜"。

经过 10 余年的探索、创新和发展，小龙虾产业发展十分迅猛。以湖北省潜江市为代表的许多地方，已形成集科研示范、良种选育、苗种繁殖、健康养殖、加工出口、餐饮服务、冷链物流、精深加工等于一体的小龙虾产业化格局，产业链条十分完整，成为长江流域农业经济的支柱产业、特色产业。

湖北省潜江市通过发展稻田综合种养，打造出稻田综合种养升级版"华山模式"，即集"生态循环农业、农业经营体制机制创新、农村社会管理"于一体，该模式探索出一套"企业＋集体＋农户"合作共赢的经营体系和"产城互动"的城镇化路径，被誉为推进农业现代化、农村城镇化的成功典范。湖北省潜江市华山水产公司依托"虾稻共作"模式，推进土地规模流转，带动潜江市熊口镇村民种稻养虾致富，实现了传统农业向农业现代化的跨越。

由于国内外市场的刚性需求，近几年小龙虾的价格不断攀升，远远超过了传统鱼类的市场价格。因而小龙虾产业具有极佳的经济效益和广阔的发展前景，是一个发家致富的好产业。现在，除了广大种养大户和合作组织从业外，许多工商资本也进军到小龙虾产业，可见其发展潜力巨大。

第三章

种养技术

第一节　环境条件

　　小龙虾广泛分布于各类水体中，尤以静水沟渠、浅水湖泊和池塘中较多，说明其对水体的富营养化及低氧有较强的适应性。一般水体溶解氧保持在 3 毫克/升以上，即可满足其生长所需。当水体溶解氧不足时，小龙虾常攀爬到水体表层呼吸或借助于水体中的杂草、树枝、石块等物，将身体偏转使一侧鳃腔在水体表面呼吸，甚至爬上陆地呼吸空气中的氧气。在阴暗、潮湿的环境条件下，小龙虾离开水体能活 1 周以上。

　　小龙虾对高水温或低水温都有较强的适应性，这与它的分布地域跨越热带、亚热带和温带是一致的。小龙虾对重金属和某些农药如敌百虫、菊酯类杀虫剂非常敏感，因此养殖水体应符合国家颁布的渔业水质标准和无公害食品淡水水质标准。如果用地下水养殖小龙虾，必须对水质进行检测，以免重金属含量过高，影响小龙虾的生长发育。

　　水是小龙虾赖以生存的条件，小龙虾的生长发育和繁殖与周围环境关系极为密切。具体环境要素分述如下。

1. 水温

　　小龙虾是广温性水生动物，适宜水温为 0～37 ℃，适宜生长水温为 18～31 ℃，最适生长水温为 22～30 ℃，适宜受精卵孵化和幼体发育的水温为 24～28 ℃。当水温下降至 10 ℃以下时，小龙虾即停止摄食，钻入洞穴中越冬。夏天水温超过 35 ℃时，小龙虾摄食量下降，在自然环境中会钻入洞底低温处蛰伏。长时间高温会导致其死亡。

2. 溶解氧

小龙虾头胸甲中的鳃很发达，只要保持湿润就可以进行呼吸，有很强的利用空气中氧气的能力，养殖水体中短时间缺氧，一般不会导致小龙虾死亡。因此，若小龙虾只维持生存的话，对水中溶解氧的要求较其他鱼类低。但若要水龙虾正常生长，水体溶解氧要保持在 3 毫克/升以上。在虾池中保持一定肥度的浮游植物，有助于提高水体中的溶解氧。

3. 有机物质

水中的有机物对小龙虾有积极作用，可作为小龙虾的饵料生物。但数量过多则会破坏水质，影响小龙虾的生长。适宜的有机物耗氧量是 20～40 毫克/升；如果超过 50 毫克/升，对小龙虾有害无益，此时应更换新水，改善水质。

4. 有害物质

养殖水体中有害物质的来源有两个：一是由外界污染引起的，二是由水体内部物质循环失调生成并累积的毒物，如硫化氢和氨、亚硝酸盐等含氮物质。池塘中氮的主要来源是人工投喂的饲料。小龙虾摄食饲料消化后的排泄物，可作为氮肥促进浮游植物的生长，并可增加水中溶解氧。适量的铵态氮是有益的营养盐类，但因其具有抑制小龙虾自身生长的作用，过多则抑制小龙虾的生命活动。特别是有机物质大量存在时，异养细菌分解产生的氨和亚硝化细菌作用产生的亚硝酸盐都有可能引起小龙虾中毒。

引起小龙虾中毒的含氮物质有两种形式：游离氨（NH_3）和亚硝酸盐（NO_2^-）。游离氨来自小龙虾的排泄物和细菌的分解作用。水体中的游离氨和离子铵建立平衡关系（$NH_3 + H^+ \rightleftharpoons NH_4^+$），平衡状态取决于水体的温度、pH 及无机盐含量。水中游离氨增加时，直接抑制虾体新陈代谢所产生氨的排出，从而引起氨毒害。水体温度、pH 升高时，游离氨含量增加，特别是晴天下午 pH 因光合作用升高到 9.0 以上时，总氨氮含量达到 0.2～0.5 毫克/升就可使小龙虾产生应激反应，达到 1.0～1.5 毫克/升就会致死。

水体中低浓度的亚硝酸盐就能使小龙虾中毒，亚硝酸盐能促使血液中的血红蛋白转化为高铁血红蛋白，高铁血红蛋白不能与氧结合，造成血液输送氧气的能力下降，即使含氧丰富的水体，小龙虾仍表现出缺氧的应激症状。处于应激状态下的小龙虾，易交叉感染细菌性疾病，不久便会出现大批量死亡。

硫化氢是水体中有机物经厌氧分解的产物，有明显的刺激性臭味，对水生生物有极高的毒性，危害甚大，一旦发现养虾水体水质败坏，应立即换水增加氧气，全池泼洒水质解毒保护剂降解其毒性。

5. 土壤与底泥

用来建造虾池的土壤以壤土或黏土为好，这种土壤不易渗水，可保水节能，还有利于小龙虾挖洞穴居。不宜选择沙土、碎石土、松土，因这些土质保水保肥性能差，会增加小龙虾掘穴难度，且容易造成洞穴塌陷而导致小龙虾死亡。

小龙虾营底栖生活。淤泥过多，有机物大量耗氧，使底层水长时间缺氧，容易导致病害发生；淤泥过少，则起不到供肥、保肥、提供饵料和改善水质的作用。一般池底淤泥厚度保持在15～20厘米，有利于小龙虾的生长。

6. 微藻类

研究证明，小龙虾体内虾青素含量与其抵御外界恶劣环境的能力呈正相关，即体内虾青素含量越高，其抵御外界恶劣环境的能力就越强。所以，深红色的小龙虾可以在污浊的淤泥中生存繁殖，而淡红色的小龙虾即便在清澈的水体中也不易存活。小龙虾自身无法产生虾青素，主要通过食用微藻类等获取虾青素，并在体内不断积累产生超强的抗氧化能力。虾青素能有效增强小龙虾抵抗恶劣环境的能力及繁殖能力。因此，小龙虾在缺少含有虾青素微藻类的环境中难以生存。

第二节　稻田工程

一、稻田选择

选择水质良好、水量充足、周围没有污染源、保水能力较强、排灌方便、不受洪水淹没的田块进行稻田养虾，面积少则几亩，多则几十亩、上百亩都可以，大面积优于小面积，单块面积以40亩最为适宜，便于管理。"虾稻共作"区四周可开挖小型排水沟渠，与周边传统稻作区、瓜果种植区、棉田种植区等分开，防止农药直接流入"虾稻共作"区，产生药害。"虾稻共作"区还要求水通、电通、路通、土肥。

（1）水通　要求水源充足，尤其是秋季、冬季、早春水源要充沛，排灌方便，不宜被淹没，水质良好，无工农业和生活污水污染。

（2）电通　要求电力设施完备，便于水泵抽水，生活区用电等。

（3）路通　要求交通便捷，主干道要求3米宽、沙石等级以上路面，小型货运车辆能方便出入"虾稻共作"区，支路可保障生产小型车载工具自由通行（图3-1）。

图3-1　"虾稻共作"区周边环境

（4）土肥　土质以黏土或壤土较好。

二、田间工程

"虾稻连作"稻田的田间工程建设包括田埂加宽、加高、加固，进排水口设置过滤、防逃设施，环形沟、田间沟的开挖，安置遮阳棚等。沿稻田田埂内侧四周开挖环形养虾沟，沟宽1～1.2米、深0.8米，田块面积较大的，还要在田中间开挖"十"字形、"井"

字形或"日"字形田间沟，田间沟宽 0.5～1.0 米，深 0.5 米，环形虾沟和田间沟面积占稻田面积的 8%～10%。

"虾稻连作"基地应连片集中建设，按照科学、适用、美观的指导思想和资源利用、效益联动的原则，科学规划、合理布局。一般每 40 亩左右稻田为一个建设单元，每两个单元为一个承包体。在两个单元之间建造 50 米² 左右的生产用房，生产用房两端为稻田机械通道（图 3-2）。

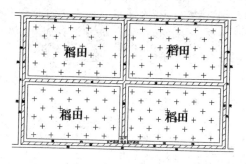

图 3-2 "虾稻连作"工程平面图

1. 挖沟

可根据稻田地貌类型和单块稻田面积选择开挖环沟、U 形沟、L 形沟或侧沟。如平原面积为 15～50 亩，可开挖环沟；丘陵 10～15 亩，可开挖 U 形沟；丘陵 5～10 亩，可开挖 L 形或 U 形沟；山区 1～5 亩，可选择开挖 L 形环沟，沿稻田田埂外缘向稻田内 0.5～1 米处，开挖环形沟，沟宽 3～4 米，沟深 1.0～1.2 米。平原地区以 40 亩为一个单元（即每块稻田面积 40 亩）较好，沿田埂 0.5～1 米处挖环形沟，沟宽 1.0～1.2 米。田中间还应挖一条田间沟，沟宽 1.0～2.0 米，沟深 0.8 米。稻田面积达到 100 亩的，还要在田中间开挖"十"字形田间沟，沟宽 1.0～2.0 米，沟深 0.8 米（图 3-3）。

2. 筑埂

利用开挖环形沟挖出的泥土加固、加高、加宽田埂。田埂加固时每加一层泥土都要进行夯实，防止渗水或暴风雨使田埂坍塌。田埂应高于田面 0.8～1.0 米，埂宽 5.0～6.0 米，顶部宽 2.0～3.0 米。

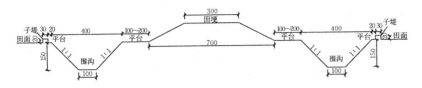

图 3-3　"虾稻共作"建设工程剖面图（厘米）

3. 防逃设施

稻田排水口和田埂上应设防逃网。排水口的防逃网应为 8 孔/厘米（相当于 20 目）的网片，田埂上的防逃墙应用水泥瓦或塑料钙板作材料，防逃墙高 40 厘米。

4. 进排水设施

进排水口分别位于稻田两端，进水渠道建在稻田一端的田埂上，进水口用 40～80 目的长网袋过滤进水，防止敌害生物随水流进入。排水口建在稻田另一端环形沟的低处。按照高灌低排的格局，保证水灌得进、排得出。

第三节　水稻栽培

一、稻种选择

选择通过国家或湖北省审定，米质达到国家标准 3 级，生育期 125 天左右、株型紧凑、高产优质、抗病抗倒且耐肥性强的紧穗型品种，如丰两优香一号、广两优 476 等。种子质量符合 GB 4404.1 水稻二级良种标准。此外，口感也作为重要指标。

二、育秧管理

1. 播期

机械插秧适宜播种期为 5 月 15—20 日，旱育秧（包括塑料软盘旱育抛秧、无盘旱育抛秧、旱育手插秧）适宜播种期为 5 月

10—15 日。

2. 播种

每亩备秧盘 20 张，每亩大田杂交稻用种量 1.25～1.5 千克；每盘干谷播量 75 克。在育秧前晒种 1～2 天；用 0.2％强氯精溶液或咪酰胺浸种消毒 4～5 小时，然后用清水洗净，浸种 8～10 小时，催芽至破胸露白。播好的秧盘及时运送到温棚育秧，堆码 10～15 层盖膜进行暗化处理。

每亩用 12％噁草酮乳油 100 毫升兑水 45 千克均匀喷雾，对无盘旱育秧苗床进行封闭除草，2～3 小时后覆盖薄膜保温保湿，膜上再均匀盖一层麦秸秆或稻草。

3. 育秧管理

暗化 2～3 天出苗后，送入温室秧架上或大棚秧床上育苗；棚内温度控制在 20～28 ℃，湿度控制在 80％～90％；齐苗后开始通风炼苗，一叶一心后逐渐加大通风量；保持盘土湿润，如盘土发白、秧苗卷叶，早晨叶尖无水珠，应及时喷水保湿；齐苗后喷施 2.5％咯菌腈 1 500 倍液，以防病和促发根；移栽前喷施 1％尿素水作送嫁肥，并打好送嫁药，防治稻蓟马与二化螟。

4. 病害防治方法

稻蓟马：吡蚜酮 4～5 克；螺虫乙酯 3.5～5 克（有效成分）/亩，喷雾。

二化螟：氯虫苯甲酰胺 2 克；苏云金杆菌（8 000 国际单位/毫克）250～300 克（有效成分）/亩，喷雾。

三、栽前准备

大田可采用机械耕整。基肥可以在插秧前的 10～15 天，每亩施用农家肥 200～300 千克；化学肥料如全部磷肥、部分氮肥、钾肥或复混肥，在耙田时施入，然后耙田和耱田。移栽前 2 天，耱田后灌水沉田，移栽前 1 天排水至表面留薄层水即可。稻田整理采用围埂法，即在靠近环沟的田面围上一周高 20 厘米，宽 30 厘米的土埂，将环沟和田面分隔开。要求整田时间尽可能短，防止沟中小龙虾因长时间密度过大而造成不必要的损失。

四、秧苗移栽

适宜移栽期为 6 月 1—10 日。秧龄 17～20 天、叶龄 3～4 叶时插秧。

1. 机械插秧

移栽前大田平整后沉降 2 天左右，大田只留薄层水。插秧机插秧株行距调节至 14.6 厘米×30.0 厘米或 18.0 厘米×25.0 厘米左右，每亩插 1.5 万穴左右，每穴 2～3 苗，每亩基本苗 4 万～5 万，漏插率小于 5%，漂秧率小于 3%，伤秧率小于 5%，机插深度 1.5 厘米。

2. 人工栽插

人工插栽时宜采用宽行窄株移栽，行距 26 厘米左右，株距 17 厘米左右，每穴 2～3 苗，每亩基本苗 4 万～6 万。

五、水稻管理

1. 追施肥

坚持"前促中控后补"的施肥原则，化肥总量每亩施纯氮 12～14 千克、磷 5～7 千克、钾 8～10 千克。严禁使用对小龙虾有害的化肥，如氨水和碳酸氢铵等。

（1）分蘖肥　机械插秧稻田在移栽后 5～7 天追施分蘖肥，每亩施尿素 4～5 千克；移栽后 10 天左右，追施第二次分蘖肥，每亩施尿素 5～7.5 千克。

（2）穗肥　晒田复水后，每亩施氯化钾 3～4 千克；根据苗情和叶色每亩追施尿素 3～5 千克。苗数足、叶色深的少施或不施；苗数不足、叶色偏浅的适当加大施肥量。

2. 水位控制

7—9 月，除晒田期外，稻田水位应控制在 20 厘米左右。

3. 科学晒田

晒田要轻晒，当晒到田块中间不陷脚，田面不裂缝和表土发白即可。晒好后，应及时恢复原水位，尽可能不要晒得太久，以免环沟中小龙虾因长时间密度过大而产生不利影响。

4. 水稻病虫害防治

采用物理方法与生物防控相结合防治水稻病虫害。

（1）物理防治 每 20 000 米^2（约 30 亩）安装一盏功率为 15 瓦的诱虫灯，诱杀成虫，以减少农药使用量。诱虫灯应安装在环沟中间的上方，以便杀死的成虫可以直接掉入水中被小龙虾食用。

（2）生物防治 利用和保护好害虫天敌，使用性诱剂诱杀成虫，使用杀螟杆菌及生物农药 Bt 粉剂防治螟虫。褐稻虱对水稻的危害最为严重，其幼虫会大量蚕食水稻叶子。每年在褐稻虱发生的高峰期，只要将稻田的水位保持在 20 厘米左右，基本可以达到避虫的目的。

六、水稻收获

稻田的排水、收割，应注意排水时将稻田的水位快速下降到田面 5～10 厘米；然后缓慢排水，促使小龙虾在田埂、环形沟和田间沟中掘洞；最后环形沟和田间沟保持 50～70 厘米的水位，即可收割水稻。

第四节 投种前的准备

一、环沟消毒

稻田改造完成后，第一年环沟内要进行消毒，消毒用生石灰 100～150 千克/亩，水深 20 厘米，杀灭敌害生物和致病菌，预防小龙虾疾病发生，第二年因为沟内留有亲虾，应选用二氧化氯或过氧化物消毒剂进行消毒。

二、种植水草

俗话说："虾大小，看水草"。在稻田环沟和稻田田面栽植水草群，可以提高小龙虾的成活率、规格和品质。移栽水草的目的是利用其吸收部分残饵、粪便等分解产生的养分，净化水质，使水体保持较高的溶解氧。水草可遮挡夏天的烈日，对调节水温作用很大。同时，水草是小龙虾的新鲜饵料，在小龙虾蜕壳时还是很好的隐蔽场所。在小龙虾的生长过程中，水草又是其在水中上下攀爬、嬉戏、栖息的理想场所。水草应聚集成团，每亩设置面积 1～2 米^2 的草团 20 个，可以大大增加小龙虾的活动面积，这是增加小龙虾产量的重要措施。

环形沟消毒 3～5 天后，在沟内移栽水草，水稻收割淹水后，田面也应按上述方法移栽水草。

水草的栽培要根据各种水草生长发育的差异性，进行合理搭配种植，以确保在不同的季节池塘都能保持一定产量的水草。可以种植伊乐藻、轮叶黑藻、水花生等。人工栽培的水草不宜太多，以占环沟面积的 30％～40％、稻田面积的 30％～40％为宜，零星分布。水草过多，在夜间易使水中缺氧，反而影响小龙虾的生长。水草过多时应及时割除，水草不足时要及时补充。

1. 伊乐藻

伊乐藻是一种优质、速生、高产的沉水植物，是小龙虾养殖中的最佳水草品种之一。

（1）栽前准备

① 环沟清整。水稻收获结束后排干水沟，每亩用生石灰 200 千克兑水全沟泼洒，清野除杂，并让沟底充分冻晒。

② 注水施肥。栽培前 5～7 天，环沟注水 0.3 米左右，进水口用 40 目筛绢进行过滤。并根据环沟水体的肥瘦情况，每亩施腐熟粪肥 300～500 千克。

（2）栽培时间　12 月至第二年 1 月底栽培。

（3）栽培方法

① 沉栽法。每亩用 20 千克左右的伊乐藻种株。将种株切成 0.15～0.20 米长的段，每 3～5 段为一束，在每束种株的基部黏上淤泥，撒播于沟中和田面。

② 插栽法。每亩用同样数量的伊乐藻种株，切成同样的段与束，按 5 米×15 米的株行距进行人工插栽。

（4）栽后管理　按"春浅、夏满"的方法进行水位调节。在伊乐藻生长旺季（4—5 月）及时追施尿素或复合肥，每亩 2～3 千克。

2. 轮叶黑藻

轮叶黑藻营养价值较高，是小龙虾喜欢摄食的品种。

3 月中下旬将轮叶黑藻的茎切成段栽插。每亩需要鲜草 25～30 千克，6—8 月为其生长茂盛期。栽种一次轮叶黑藻之后，可年年自然生长，用生石灰或茶饼清池消毒对它的生长也无妨碍。轮叶黑藻是随水位向上生长的，水位的高低对轮叶黑藻的生长起着重要的作用，因此稻田水位不可一次加足，要根据植株的生长情况循序渐进，分次注入，否则水位过高会影响光照强度，从而影响植株生长，甚至导致死亡。稻田水质要保持清新，忌混浊水和肥水。

3. 水花生

水花生适应性极强，喜湿耐寒，能自然越冬，气温上升至 10 ℃时即可萌芽生长，最适生长温度为 22～32 ℃。5 ℃以下时水上部分枯萎，但水下茎仍能保留在水下不萎缩。水花生可在水温达到 10 ℃以上时进行移植，随着水温逐步升高，逐渐在水面、特别是在环沟周边形成水草群。小龙虾喜欢在水花生里栖息，摄食水花生的细嫩根须，躲避敌害，安全蜕壳。

三、投放有益生物

在虾种投放前后，沟内再投放一些有益生物，如水蚯蚓（0.3～0.5 千克/米²）、田螺（8～10 个/米²）、河蚌（3～4 个/米²）等，既可净化水质，又能为小龙虾提供丰富的天然饵料。

第五节 虾稻连作

一、稻田准备

"虾稻连作"模式需要开挖围沟,早放虾种早捕捞,规模不大且不集中连片的稻田,要建设防逃设施。

1. 清沟消毒

放虾前10~15天,清理环形沟和田间沟,除去浮土,修整垮塌的沟壁。每亩稻田环形沟用生石灰20~50千克,或选用其他药物,对环形沟和田间沟进行彻底清沟消毒,杀灭野杂鱼类、敌害生物和致病菌。

2. 施足基肥

放虾前7~10天,在稻田环形沟中注水20~40厘米,然后施肥培养饵料生物。一般结合整田每亩施有机农家肥100~500千克,均匀施入稻田中。农家肥肥效慢、肥效长,施用后对小龙虾的生长无不利影响,还可以减少日后施用追肥的次数和数量,因此,稻田养殖小龙虾最好施有机农家肥,并一次施足。

3. 移栽水生植物

在环形沟内栽植伊乐藻、轮叶黑藻、水花生等沉水性水生植物,在沟边种植蕹菜,在水面上种植凤眼莲等。但要控制水草的面积,一般水草占环形沟面积的30%~40%,零星分布,这样有利于虾沟内水流畅通无阻塞。

4. 过滤及防逃

进排水口要安装竹箔、铁丝网及网片等防逃、过滤设施,严防敌害生物进入或小龙虾随水流逃逸。

二、投放种虾

要一次放足虾种,分期分批捕捞。放养模式有如下两种。

1. 投放种虾模式

第一年 8 月下旬至 9 月上旬,在中稻收割之前 1 个月左右,往稻田的环形沟中投放经挑选的小龙虾亲虾。投放量为每亩 20~30 千克,雌雄比例 3∶1。投放小龙虾亲虾后不必投喂,亲虾可自行摄食稻田中的有机碎屑、浮游动物、水生昆虫及水草等。

此模式中,对小龙虾亲虾的选择很重要。选择亲虾的标准如下:

(1)颜色为暗红或黑红色、有光泽、体表光滑无附着物。

(2)个体大,雌雄体重均在 35 克以上,最好雄性个体大于雌性个体。

(3)雌雄个体均要求附肢齐全、无损伤,体格健壮、活动能力强。

2. 投放幼虾模式

每年 9 月底至 10 月上旬,当中稻收割后,用木桩在稻田中营造若干深 10~20 厘米的人工洞穴并立即灌水。往稻田中投施腐熟的农家肥,每亩投施量为 100~300 千克,均匀地投撒在稻田中,没于水下,培肥水质。往稻田中投放离开母体后的幼虾 1.0 万~1.5 万尾,在天然饵料生物不丰富时,可适当投喂一些鱼肉糜,绞碎的螺、蚌肉以及动物屠宰场和食品加工厂的下脚料等,也可人工捞取枝角类、桡足类,每亩每日可投 500~1 000 克或更多,人工饲料投在稻田沟边,沿边呈多点块状分布。

上述两种模式,稻田中的稻草尽可能多地留置在稻田中,呈多点堆积并没于水下浸沤。整个秋冬季,注重施肥,培肥水质。一般每月施 1 次腐熟的农家粪肥。若天然饵料生物丰富,可不投人工饲料。当水温低于 12 ℃时,可不投喂。冬季小龙虾进入洞穴中越冬,到第二年的 2—3 月水温适合小龙虾生长时,要加强投草、投肥,培养丰富的饵料生物,如未种草的稻田,一般每亩每半个月投 1 次水草 100~150 千克,每月投 1 次发酵的猪牛粪 100~150 千克。有条件的每天还应适当投喂 1 次人工饲料,以加快小龙虾的生长。可用的人工饲料有饼粕、谷粉,绞碎的螺、蚌肉及动物屠宰场的下脚料等，投喂量为稻田存虾重量的 2％～6％，傍晚投喂。人工饲料、饼粕、谷粉等在养殖前期每亩投放量为 500 克左右，养殖中后期每亩可投 1 000～1 500 克；螺、蚌肉可适当多投。4 月中旬开始用地笼捕虾，捕大留小，一直至 5 月底 6 月初稻田整田前，彻底干田，将田中的小龙虾全部捕起。

三、投饲管理

每天早晨和傍晚坚持巡田，观察沟内水色变化和小龙虾的活动、吃食、生长情况。田间管理的主要工作为晒田、稻田施肥、水稻施药、防逃、防敌害等。

1. 稻田施肥

要施足稻田基肥，应以腐熟的有机农家肥为主，在插秧前一次施入耕作层内，达到肥力持久长效的目的。一般每月追肥 1 次，可根据水稻的生长期及生长情况施用生物复合肥 10 千克/亩，或用有机肥。

2. 水稻施药

小龙虾对许多农药很敏感，稻田饲养小龙虾的原则是能不用药时坚决不用药，需要用药时则选择高效低毒的无公害农药和生物制剂，应避免使用含菊酯类和有机磷类的杀虫剂，以免对小龙虾造成危害。施农药时要注意严格把握农药安全使用浓度，确保小龙虾的安全，并要求喷于水稻叶面上，尽量不喷入水中。而且最好分区用药，即将稻田分成若干个小区，每天只对其中一个小区用药。一般将稻田分成两个小区，交替轮换用药，在对稻田的一个小区用药时，小龙虾可自行进入另一个小区，避免受到伤害。水稻施用药物喷雾水剂宜在下午进行，因为稻叶下午干燥，大部分药液会吸附在水稻叶上。同时，施药前田间加水至 20 厘米深，喷药后及时换水。

3. 防逃、防敌害

每天巡田时检查进排水口筛网是否牢固，防逃设施是否损坏。汛期防止洪水漫田，发生逃虾的事故。巡田时还要检查田埂是否有漏洞，防止漏水和逃虾。

稻田饲养小龙虾，其敌害较多，如蛙、水蛇、黄鳝、肉食性鱼类、水老鼠及一些水鸟等，除放养前彻底用药物清除外，进水口进水时要用20目纱网过滤；平时要注意清除田内敌害生物，有条件的可在田边设置一些彩条或稻草人，以便恐吓、驱赶水鸟。

四、水位调节

水稻收割完成、环沟消毒后7天开始灌水，10—11月田面水位保持在30厘米左右，12月至第二年2月田面水位控制在50～60厘米。3月，稻田水位控制在30厘米左右；4月中旬以后，稻田水位应逐渐提高至50～60厘米。

五、收获上市

捕捞小龙虾的工具主要是地笼。早期捕捞时间从3月中旬开始，地笼网眼规格应为2.5～3.0厘米，只捕获成虾，幼虾能通过网眼跑掉。成虾规格宜控制在30克/尾以上。到5月中旬转为用规格为2.0厘米的小网眼地笼捕捞，到6月上旬结束。开始捕捞时，不需排水，直接将地笼放于稻田内，隔几天转换一个地方，当捕获量渐少时，可将稻田中水排出，使小龙虾落入环沟中，再集中于环沟中放笼，直至捕不到成虾为止。

第六节　虾稻连作十共作

一、稻田准备

养虾稻田应是生态环境良好、远离污染源、不含沙土、保水性能好的稻田，并且水源充足、排灌方便、不受洪水淹没。面积大小不限，一般以40亩为宜。

稻小龙虾综合种养基地应连片集中建设，按照科学、适用、美观的指导思想和资源利用、效益联动的原则，科学规划、合理布局。一般每40亩左右稻田为一个建设单元，每两个单元为一个承包体。在两个单元之间建造50米^{2}左右的生产用房，生产用房两端为稻田机械通道。

1. 开挖环沟

沿稻田田埂外缘向稻田内0.5～1.0米处，开挖环形沟，沟宽4.0～5.0米，沟深1.0～1.2米。稻田面积达到100亩的，还要在田中间开挖"十"字形田间沟，沟宽1.0～2.0米，沟深0.8米。

2. 加高加固田埂

利用开挖环形沟挖出的泥土加固、加高、加宽田埂。田埂加固时每加一层泥土都要进行夯实，以防渗水或遇暴风雨使田埂坍塌。田埂应高于田面0.7～0.8米，埂宽5.0～6.0米，顶部宽2.0～3.0米。

3. 防逃设施

稻田排水口和田埂上应设防逃网。排水口的防逃网应为8孔/厘米（相当于20目）的网片，田埂上的防逃网应用水泥瓦或塑料盖板作材料，防逃网高40厘米。

4. 进排水设施

进排水口分别位于稻田两端，进水渠道建在稻田一端的田埂上，进水口用20目的长网袋过滤进水，防止敌害生物随水流进入。排水口建在稻田另一端环形沟的低处。按照高灌低排的格局，保证水灌得进、排得出。

稻田改造完成后，第一年环沟内要进行消毒。第二年，稻田中会有野杂鱼出现，它们与小龙虾争食、争空间、争氧气，黄鳝、鲫等可摄食幼虾，黑鱼、鮎甚至捕食大规格虾苗和软壳虾。主要消毒药物有生石灰、漂白粉、茶饼、茶皂素、鱼藤酮、皂角素等。一般可在稻田翻耕时，人工或用地笼捕捉田面上的泥鳅、黄鳝。养殖第一年，虾沟内杂鱼可采用生石灰（75～100千克/亩）或漂白粉（8～10千克/亩）等药物清除；第二年，结合稻田8—9月两次烤田，清除野杂鱼，其中第一次烤田（8月），保持沟水深80厘米，使用茶皂素、鱼藤酮、皂角素等药物清除野杂鱼、黄鳝、泥鳅、黑鱼、鲇等，使用药物杀鱼时，可结合使用地笼捕捉；第二次烤田（9月中下旬），若还有杂鱼，可采用环保型茶粕清塘剂，沟水深0.5米，每亩可用茶饼7.5千克左右，浸泡24小时后，全池泼洒，彻底杀灭野杂鱼，保障幼虾安全，提高虾苗成活率。

虾沟消毒3～5天后，在沟内移栽水生植物，如伊乐藻、轮叶黑藻、马来眼子菜、水花生等，其中伊乐藻最适宜，栽植面积控制在30%～40%。

在虾种投放前后，沟内再投放一些有益生物，如水蚯蚓（0.3～0.5千克/米²）、田螺（8～10个/米²）、河蚌（3～4个/米²）等，既可净化水质，又能为小龙虾提供丰富的天然饵料。

插秧整田前施足底肥，一次性投施腐熟的农家肥（猪、牛、鸡粪）100～200千克/亩。追施腐熟的农家肥用量为50～100千克/亩。

二、投放虾种

1. 投放亲虾模式

初次实施虾稻综合种养的稻田8月下旬至9月上旬，往稻田的环形沟和田间沟中投放亲虾，每亩投放20～30千克，已实施过稻小龙虾综合种养的稻田每亩投放5～10千克。

（1）亲虾的选择　按亲虾的标准进行选择。

（2）亲虾来源　亲虾应从养殖场或天然水域挑选。

（3）亲虾运输　挑选好的亲虾需用不同颜色的塑料虾筐按雌雄分别分装，每个筐里面放一层水草，保持潮湿，避免太阳直晒。外购虾苗和种虾运输距离控制在2小时内为宜，使用专用运虾筐［60厘米×40厘米×（10～15）厘米］包装种苗，每筐堆放虾苗不宜超过5厘米，包装重量5～6.5千克，低温可多装，高温少装。低温可选用密封厢式货车，高温必须使用空调车。若车程超过2小时，需要降低种苗包装厚度，提高虾苗规格；运前，需用井水清洗虾苗，去除虾体表污物，4月可直接用井水，5月后不可直接用井水。种虾可以使用平衡过水温的井水或干净的河水冲洗。宜选择夜里起运，08：00前运抵放养稻田。运输途中，每隔1～2小时，洒水一次，保持虾苗体表湿润。车辆匀速行驶，避免颠簸。

（4）种植水草 可在田畈上种植伊乐藻，虾沟里移栽水花生，埂边种植空心菜。4月上旬放虾苗时水草覆盖面要达40%。具体种植方法如下。

① 施肥。水稻收割后，每亩施用200～300千克腐熟的有机肥或者100～200千克的生物肥，作为基肥。

② 伊乐藻。10—12月，完成伊乐藻种植，水位5～10厘米，行距8～10米，株距4～6米。虾沟每隔15米，种植一团伊乐藻。

③ 空心菜。4月初，在田埂上种植空心菜，每隔5米1棵。

④ 水花生。5月中下旬至6月，割除伊乐藻，在虾沟中补栽水花生，每隔15米，移栽一盘水花生（直径2米）。

⑤ 水草养护。伊乐藻浅水移栽，随着水草生长，缓慢加水，始终保持草头淹没水下；栽草后，使用氨基酸肥水膏或饼肥＋益草素，促进水草生长；水草发芽后，可定期泼洒壮根肥、益草素等；4—5月，若水草疯长，要打头、疏密2～3次，保持草头在水面下20厘米；5月，泼洒1～2次控草肥。发现水草叶片上脏、卷曲，茎秆发黄，新根少等现象，需及时解毒、改底（四羟甲基硫酸磷）、调水（EM），泼洒益草素、过磷酸钙等。6月，将虾沟中伊乐藻齐根割除。补栽水花生或空心菜等。

（5）亲虾投放 亲虾按雌、雄比例（3～5）：1投放。投放时将虾筐反复浸入水中2～3次，每次1～2分钟，使亲虾的体表和鳃部充分吸足水分、适应水温，然后投放在环形沟和田间沟中。种虾沿虾沟均匀散开放养，每亩放25千克左右；育苗前，种虾可增至30～35千克，放养时间晚，可增大放养规格，多放雌虾。每年第一次烤田后，若稻田洞穴少，可适量补放种虾，每亩3～5千克。

2. 投放幼虾模式

投放幼虾模式有两种：一是9—10月投放人工繁殖的虾苗，每亩投放规格为2～3厘米的虾苗1.5万尾左右；二是在3月下旬至

4月上中旬投放人工培育的幼虾，每亩投放规格为5～6厘米的幼虾5 000尾左右。

选择在晴天早晨放养种苗，避免阳光直射。种苗放养前，需培肥水质，实行种苗肥水下田。水草覆盖率达30%～40%，若水草覆盖率低，要降低虾苗放养量。放虾的前1～2小时，全池泼洒维生素C，降低种苗应激反应。种苗运抵稻田后，将种苗在稻田水中浸洗2～3次，平衡种苗体温5～10分钟，并利用20克/米³的高锰酸钾溶液浸泡消毒1分钟左右。虾苗沿稻田中间或者土埂均匀散开放养。投放后要及时投喂，可拌饲投喂维生素C 7天，避免种苗产生应激。

三、水稻栽培

1. 水稻品种选择

养虾稻田一般只种一季中稻，水稻品种要选择叶片开张角度小、抗病虫害能力强，抗倒伏且耐肥性强的紧穗型品种。此外，口感、生育期也作为重要标准。

2. 整田

稻田整理时，田间如存有大量小龙虾，为保证小龙虾不受影响，应采用围造小田埂的方法。

3. 施足基肥

养虾的稻田，可以在插秧前10～15天，每亩施用农家肥200～300千克，尿素10～15千克，均匀撒在田面并用机器翻耕耙匀。

4. 秧苗移植

秧苗一般在6月上中旬移植，采取浅水栽插，条栽与边行密植相结合的方法。

5. 施好追肥

坚持"前促、中控、后补"的施肥原则，化肥总量每亩施纯氮12～14千克、磷5～7千克、钾8～10千克。严禁使用对小龙虾有害的化肥，如氨水和碳酸氢铵等。

6. 水位控制

7—9 月，除晒田期外，稻田水位应控制在 20 厘米左右。

7. 科学晒田

晒田的要求是轻晒，晒到田块中间不陷脚，田面不裂缝和表土发白即可。晒好后，应及时恢复原水位，尽可能不要晒得太久，以免导致环沟内小龙虾因长时间密度过大而产生不利影响。

8. 水稻病虫害防治

采用物理方法与生物防控相结合防治水稻病虫害。每 10～20 亩配一盏频振诱虫灯。褐稻虱对水稻的危害最为严重，其幼虫会大量残食水稻叶子。每年 9 月 20 日后是褐稻虱发生的高峰期，只要将稻田的水位保持在 20 厘米左右，基本可以达到避虫的目的。

9. 排水、收割

应注意的是排水时将稻田的水位快速下降到田面 5～10 厘米，然后缓慢排水，促使小龙虾在小田埂、环形沟和田间沟中掘洞。最后使环形沟和田间沟保持 50～70 厘米的水位，即可收割水稻。

四、饲养管理

1. 投饲

虾苗投放后第 2 天，及时投喂，以增强体质，提高免疫力，减少应激反应，提高虾苗放养成活率，提高生长速度，提早上市。

（1）饲料种类　以膨化沉性颗粒饲料（蛋白含量 28%～32%，粒径 2～5 毫米）为主，搭配投喂冰鲜鱼、小杂鱼、黄豆、玉米、小麦、发酵豆粕等。颗粒饲料可选择嘉吉、通威、海大、澳华等知名品牌饲料。冰鲜鱼切碎投喂；黄豆、玉米、小麦需煮熟后投喂；豆粕发酵后投喂。豆粕发酵方法：50 千克豆粕＋EM 原露 3 千克＋红糖 3 千克＋（50%～60%）冷开水（以成团不滴水为准），利用塑料薄膜密封后，发酵 7 天左右，待豆粕发出香味，即可投喂。

（2）投喂方法　按月份及气候投喂，适时调整投喂量。沿稻田中央水草空白区及沟边浅水处均匀投喂饲料，为方便投饲、捕捞，每块田（或几块田共用）应配置一个硬质塑料船。

3月中旬开始投喂，日投饲率1%左右，每亩投喂颗粒饲料0.5千克，并逐渐加量，每天16:30投喂1次；或者每3天投喂1次，每次投喂1.5千克。4月以后，日投饲率2%～4%，每天07:00投喂黄豆、玉米、小麦、饼粕类等，16:30投喂全价颗粒饲料，每亩每天投喂1～2千克，以下午为主，投喂量占全天投喂量的70%。5月底，日投饲率5%～6%，饲料可投喂3～4千克/亩，颗粒饲料及谷物各占一半。6月上中旬，小龙虾养殖结束。7—8月，在虾沟可适当投喂谷物类饲料，日投饲率1%左右，每天下午投喂0.5～1千克。8月下旬投放的亲虾，除自行摄食稻田中的有机碎屑、浮游动物、水生昆虫及水草等天然饲料外，宜少量投喂动物性饲料，每日投喂量为亲虾总重的1%（0.3千克/亩），每天07:00喂谷物类等，17:00—18:00喂颗粒饲料，占70%。10月，适当投喂颗粒饲料和经EM菌发酵的豆粕或者豆浆加虾奶粉，每亩投喂0.3～0.5千克。11月，保持水体肥度，不需要投喂；若遇到晴天气温高于15℃时，中午可适当投喂。

12月前每月宜投1次水草，施1次腐熟的农家肥，水草用量为150千克/亩，农家肥用量为每亩100～150千克。每周宜在田埂边的平台浅水处投喂1次动物性饲料，投喂量一般以虾总重量的2%～5%为宜，具体投喂量应根据气候和小龙虾的摄食情况进行调整。当水温低于12℃时，可不投喂。第二年3月，当水温上升到16℃以上，没有种植水草的稻田应每月投2次水草，施1次腐熟的农家肥，水草用量为100～150千克/亩，农家肥用量为50～100千克/亩，每周投喂1次动物性饲料，用量为0.5～1.0千克/亩。每日傍晚还应投喂1次人工饲料，投喂量为稻田存虾总重量的1%～4%，可用的饲料有饼粕、麸皮、米糠、豆渣等。

（3）具体投喂量，可根据以下经验进行估算

① 设置食台，每天检查饲料的剩余情况，酌情增减。

② 观察小龙虾的夹草情况，若出现夹草及水混浊的情况，可

酌情增加投喂量；若为水质问题，需要减量投喂，并加强水质调节。

③ 水质很快变肥，减少投喂量。

④ 根据小龙虾的捕捞量，一般 4—5 月，一笼捕捞 2.5～3 千克，需要投喂饲料 2.5～3 千克/亩；一笼捕捞 3.5～4 千克，需要投喂饲料 2 千克/亩。

（4）如何拌料投喂　小龙虾养殖采取全程拌料投喂，以增强体质，防病促生长。主要投喂策略：虾苗投放后，拌料投喂 7 天维生素 C＋离子钙＋乳酸菌；之后，再拌料投喂 5 天免疫多糖＋乳酸菌；之后，交替拌料投喂肝肠泰＋离子钙乳酸菌或蛭弧菌等。

2. 经常巡查，调控水位

11—12 月保持水面水深 30～50 厘米，随着气温的下降，逐渐加深水位至 40～60 厘米。第二年的 3 月水温回升时用调节水位的办法控制水温，使水温更适合小龙虾的生长。调控方法：晴天有太阳时，水可浅些，让太阳晒水以便水温尽快回升；阴雨天或寒冷天气，水应深些，以免水温下降。

3. 合理施肥

为促进水稻稳定生长，保持中期不脱粒，后期不早衰，群体易控制，在发现水稻脱肥时，建议施用既能促进水稻生长、降低水稻病虫害，又不会对小龙虾产生有害影响的生物复合肥（具体施用量参照生物复合肥使用说明）。施肥方法：先排浅田水，让虾集中到环沟中再施肥，这样有助于肥料迅速沉淀于底泥并被田泥和禾苗吸收，随即加深田水至正常深度；也可采取少量多次、分片撒肥或根外施肥的方法。严禁使用对小龙虾有害的化肥，如氨水和碳酸氢铵等。

4. 科学晒田

晒田总体要求是轻晒或短期晒，即晒田时，使田块中间不陷脚，田边表土不裂缝和发白。田晒好后，应及时恢复原水位，尽可能不要晒得太久。

5. 防治敌害

稻田的肉食性鱼类（如黑鱼、鳝、鲇等）、老鼠、水蛇、蛙类、各种鸟类及水禽等会捕食小龙虾。需采取措施防止这些敌害动物进入稻田，如对肉食性鱼类，可在进水过程中用密网拦滤；对鼠类，应在稻田埂上多设些鼠夹、鼠笼加以捕猎或投放鼠药加以毒杀；对于蛙类的有效防治办法是在夜间加以捕捉；对于鸟类、水禽等，主要办法是进行驱赶。

五、调控水位

稻田控制水位的基本原则是：平时水沿堤，晒田水位低，虾沟为保障，确保不伤虾。具体为，3月，稻田水位一般控制在30厘米左右，提高稻田内水体的温度，促使小龙虾尽早出洞觅食；4月中旬以后，稻田水温已基本稳定在20℃以上，为使稻田内水温始终稳定在20～30℃，以利于小龙虾生长，避免提前硬壳老化，稻田水位应逐渐提高至60厘米以上；整田至插秧期间保持田面水位5厘米左右，插秧15天后开始晒田，晒田时环沟水位低于田面20厘米左右，晒田后田面水位加至25厘米左右，收割前的半个月再次晒田，环沟水位再降至低于田面20厘米左右，水稻收割完成、环沟消毒后7天开始灌水淹没田面30厘米；越冬前的10—11月，稻田水位控制在30厘米左右，这样既能够让稻蔸露出水面10厘米左右，使部分稻蔸再生，为小龙虾提供天然饵料，又可避免因稻蔸全部淹没水下，导致稻田水质过肥缺氧，而影响小龙虾的生长，同时可通过阳光的作用提高稻田内水温，促进小龙虾生长；越冬期间，要提高水位进行保温，一般控制在60厘米以上。

六、小龙虾的捕获

1. 捕捞时间

第一季捕捞时间从4月中旬开始，到5月下旬结束。第二季捕捞时间从 8 月上旬开始，到 9 月上旬结束。

2. 捕捞工具

捕捞工具主要是地笼。为保证成虾被捕捞，地笼网眼规格应为 2.5～3.0 厘米，幼虾能通过网眼跑掉。成虾规格宜控制在 30 克/尾以上。

3. 捕捞方法

"虾稻共作"模式中，成虾捕捞时间最为关键，为延长小龙虾的生长时间，提高小龙虾规格，提升小龙虾产品质量，一般要求小龙虾达到最佳规格后开始起捕。起捕方法：采用网目 2.5～3.0 厘米的大网口地笼进行捕捞；开始捕捞时，不需排水，直接将虾笼布放于稻田及虾沟之内，隔几天转换一个地方，当捕获量渐少时，可将稻田中水排出，使小龙虾落入虾沟中，再在虾沟中放笼，直至捕不到商品规格的小龙虾为止；在收虾笼时，应将捕获到的小龙虾进行挑选，将达到商品规格的小龙虾挑出，将幼虾马上放入稻田，并勿使幼虾受到挤压，避免弄伤虾体。

七、留种、保种

由于小龙虾人工繁殖技术尚未成熟，目前还存在着买苗难、运输成活率低等问题，为满足稻田养虾的虾种需求，需要做好留种和保种工作。留存的亲虾可在稻田中自繁自育，以解决小龙虾苗种问题，实现小龙虾在稻田中自繁、自育、自养。具体做法如下。

1. 留种

从第二年开始留种，稻田自留亲虾约 30 千克/亩。操作方法：5 月中下旬，在稻田中放 3 米长地笼，地笼网眼规格为 1.6 厘米，密度为 30 条/亩。当每条地笼商品虾产量低于 0.4 千克时，即停止捕捞。剩下的小龙虾用来培育亲虾。

2. 保种

整田时，在靠近虾沟的田面一边，围上一周高 20 厘米，宽 30 厘米的小田埂，将环沟和田面分隔开，以利于田面整理，并可为小龙虾繁殖提供更多的打洞场所。

3. 种质改良

为了保证小龙虾的优良生长性状，避免因近亲繁殖造成种质退化，应定期补种，具体做法是，养殖 3～5 年后，在 8 月下旬至 9 月上旬，从长江中下游湖泊中选购 40 克/只以上的大规格亲虾投放到稻田中，投放量为 5 千克/亩左右。以后，每 3 年补充一次亲虾。

八、越冬管理

越冬期间的稻田管理工作主要是通过增减水位来控制稻田水温，使稻田环境更适合小龙虾的生存和繁育。小龙虾越冬前（即 10—11 月）的稻田水位应控制在 30 厘米左右，这样可使稻蔸露出水面 10 厘米左右，既可使部分稻蔸再生，又可避免因稻蔸全部淹没水下，导致稻田水质过肥缺氧，影响小龙虾的生长，同时可通过阳光的作用提高稻田内水温，促进小龙虾生长；越冬期间，一般控制水位在 60 厘米以上，进行保温。

第七节　常见病害防治

一、水稻病害及防治方法

稻田病虫害防治时期、药剂及方法详见表 3-1。

表 3-1　稻田病虫害防治时期、药剂及方法

病虫	防治时期	每亩防治药剂及用量（有效成分）	用药方法
稻蓟马	秧田卷叶株率15%，百株虫量200头；大田卷叶株率30%，百株虫量300头	吡蚜酮 4～5 克；螺虫乙酯 3.5～5 克	喷雾
稻水象甲	百蔸成虫 30 头以上	氯虫苯甲酰胺 2 克	喷雾

（续）

病虫	防治时期	每亩防治药剂及用量（有效成分）	用药方法
稻飞虱	卵孵高峰至 2 龄若虫期	吡蚜酮 4～5 克；噻虫嗪 1～1.5 克；噻嗪酮 7.5～12.5 克	喷雾
稻纵卷叶螟	卵孵盛期至 2 龄幼虫前	氯虫苯甲酰胺 2 克；苏云金杆菌（8 000 国际单位/毫克）250～300 克	喷雾
二化螟、三化螟、大螟	卵孵高峰期	氯虫苯甲酰胺 2 克；苏云金杆菌（8 000 国际单位/毫克）250～300 克	喷雾
稻瘟病	苗瘟与叶瘟在发病初期，穗颈瘟在破口抽穗期及齐穗期	春雷霉素 1.2～1.8 克；枯草芽孢杆菌（活芽孢 1 000 亿/克）20 克；丙环唑 5～10 克	喷雾
纹枯病	发病初期	井冈霉素 10～12.5 克；枯草芽孢杆菌（活芽孢 1 000 亿/克）20 克	喷雾
稻曲病	破口前 3～5 天，齐穗期	春雷霉素 1.2～1.8 克；枯草芽孢杆菌（活芽孢 1 000 亿/克）20 克；丙环唑 5～10 克	喷雾

二、小龙虾病害及防治

1. 甲壳溃烂病

病原：细菌。

【症状】初期病虾甲壳局部出现颜色较深的斑点，然后斑点边缘溃烂、出现空洞。

防治方法：①避免损伤；②饲料要投足，防止小龙虾彼此争斗；

③用 10～15 千克/亩的生石灰兑水全池泼洒，或用 2～3 克/米³ 的漂白粉全池泼洒，可以收到较好的治疗效果。但生石灰与漂白粉不能同时使用。

2. 纤毛虫病

病原：纤毛虫。

【症状】纤毛虫附着在成虾、幼虾、幼体和受精卵的体表、附肢、鳃等部位，形成厚厚的一层"毛"。

【防治方法】①用生石灰清塘，杀灭池中的病原；②用 0.3 毫克/升四烷基季铵盐络合碘全池泼洒。

3. 白斑综合征

病原：白斑综合征病毒。

【症状】小龙虾活动减少、无力，上草，摄食减少，体内出现积液，头盖壳易剥离，死亡量迅速上升。

【防治方法】

① 改善水质，确保水环境稳定；

② 投喂全价饲料，特别是添加了抗病毒的中草药或免疫促进剂的饲料；

③ 切忌在高温期间或温度变化期间过度投喂；

④ 保持合适水深，防止水温剧烈变化；

⑤ 水体消毒，采用碘制剂全池泼洒，每立方水体用量为 0.3～0.5 毫升，连续 2～3 次，隔天一次；

⑥ 避免在捕捞小龙虾时过度干扰小龙虾，以免小龙虾因惊吓而引起应激反应；

⑦ 注意放养密度，密度应激是小龙虾短时间大量死亡的重要原因之一；

⑧ 无害化处理，白斑综合征病毒传染性极强，死亡虾或病毒污染水体可迅速传播疾病，尽可能捞出病虾、死虾，切忌将患病虾的池水排入进水沟渠；

⑨ 药物治疗，抗病毒天然植物药物对小龙虾白斑综合征治疗有一定效果，内服剂量为每千克虾 0.8 克，连续投喂 4～5 天即可。

第八节　鳖虾鱼稻共作

一、鳖虾鱼稻生态种养"三高"技术概述

鳖虾鱼稻生态种养"三高"技术历经 4 年研发成功。其实质是"虾稻连作"与"鳖虾鱼稻共作"两种模式的耦合技术，更是"双水结合"（即水稻与水产结合）、"双技结合"（即水稻种植技术与水产养殖技术结合）以及重建农业生态的典范模式。

（一）鳖虾鱼稻生态种养"三高"技术的特征

1. 全年生产

前一年 10 月至第二年 5 月利用冬闲田养殖小龙虾，实现秸秆还田，生产一季小龙虾，6—9 月"鳖虾鱼稻共作"，生产鳖、虾、鱼、稻，以充分挖掘稻田生产潜能，实现物质循环利用。

2. 全生态种养

整个生产过程不使用任何肥料和农药，且鳖、虾的饲料完全使用天然饵料。

通过"双水结合"的生物工程技术，修复稻田生态，使农业生态得到重建，使农村成为一个生态文明、环境友好的美丽家园。同时，面向高端市场，生产高端产品（即有机大米和有机水产品）。

（二）鳖虾鱼稻生态种养"三高"技术的创新点

1. 生产理论创新

利用农业生态学原理构建稻田鳖虾鱼稻共生系统，通过人为种植、养殖、水位调控等配套措施，调节系统内种群数量，以实现提高系统生产力和降低投入的目标。该模式采用水稻宽行窄株栽培模式、挖环形沟等措施，人为构建鳖、虾、鱼种群生境和活动生态廊道，通过动物的觅食活动控制水稻病虫害的发生。具体为：利用小龙虾捕食二化螟、三化螟、大螟等越冬害虫，降低病虫草害基数；第二年水稻移栽返青后，实行鳖、虾、鱼、稻共育，利用鳖、虾、鱼消灭田间杂草、捕食各类螟虫及稻飞虱等害虫，同时鳖、虾、鱼

在稻丛间穿梭觅食，和泥通风，可降低纹枯病等病害的发生；6—8月安装频振灯诱杀各类害虫，降低田间害虫落卵量。通过鳖、虾、鱼、灯综合防治病虫草害，减少农药使用量，使生态环境得到了很好的保护，达到了绿色防控的目的。该模式丰富了农业生态理论的内涵，其中构建稻田鳖虾稻多种群共生系统的理论具有创新性。

2. 水稻栽培和水产养殖技术创新

构建鳖、虾、鱼、稻等多元配置的稻田生态系统，在配套水稻栽培上采用宽行窄株模式，为稻田内生物提供适宜的生活环境，通过人为控制鳖、虾、鱼的数量和投放与收获时间，协调生物种群发展与食物量物质流；充分利用生物捕虫、代谢物增加土壤养分、水层活动增氧、除草等，减少化肥和农药的投入，提高水稻品质。通过水稻栽培技术和水产养殖技术的互相配合、相得益彰，在技术层面上具有创新性。

（三）鳖虾鱼稻生态种养"三高"技术的重大意义

1. 保障食品安全

水稻产品质量的安全隐患主要是药物残留，鳖虾鱼稻生态种养"三高"技术因减少了稻田农药和化肥的使用，有效降低了稻田水体、土壤及其产品的农药残留量。这不仅可以保证粮食的数量安全，还保证了粮食的品质安全和食用安全。

2. 促进农民增收

鳖虾鱼稻生态种养"三高"技术的综合效益极为显著。"鳖虾鱼稻共作"模式亩平均产值达 16 847.3 元，亩平均纯收入达11 206.7元，是单一种植水稻亩平均效益的 10 倍。2012—2013 年在湖北省赤壁市的试验情况如下。

试验地点位于赤壁市芙蓉镇廖家村十组，稻田面积 48 亩。2012 年鳖（中华鳖）、虾（小龙虾）和鱼（鲫）的苗种分别来源于咸宁市、荆州市和本地，鳖种下田前用高锰酸钾消毒。饲料为小杂鱼，来源于赤壁市陆水水库。投喂方法：鳖入田后开始投喂，每天17:00 投喂 1 次，投喂量为 50～150 千克/天，其中，50～75 千克/天投喂20 天，75～125 千克/天投喂30 天，150 千克/天投喂至 10 月 2

日，随后投喂量逐渐减少，直至10月中旬停止投喂。2013年鳖、虾和鱼苗种分别来源于荆州市、稻田自繁和本地。鳖种4月15日入田，6月10日起开始投喂，饲料种类、投喂方法、投喂量以及种养管理基本同2012年。

2012—2013年，48亩稻田共收获水产品16 689千克，其中，鳖8 903千克、小龙虾3 296千克、鱼4 490千克，水产品销售收入1 494 625元；每亩年平均水产品产量173.8千克、产值15 569元；共产水稻43 090千克，水稻销售收入122 718元，每亩年平均产量448.9千克、产值1 278.3元。两项合计每亩年平产值16 847.3元。

结果表明，实施鳖虾鱼稻生态种养稻田年平均综合效益与单一种植水稻稻田比较提高了12.8倍，与"虾稻连作"稻田比较提高了6.4倍，投入产出比达到了1∶2.99。

3. 促进耕地可持续利用

化肥的过量使用，导致了用地不养地、土壤贫瘠化严重和极为严重的环境污染。实施稻田生态种养，养殖的水生动物的粪便代替了化肥的使用，这些动物粪便不仅为水稻的生长提供了优质高效的肥料，而且能改善和提高土地肥力，降解土壤中残留的农药和重金属，逐步修复稻田土壤和生态环境，促进耕地的可持续利用。

4. 实现资源节约型、环境友好型社会

鳖虾鱼稻生态种养"三高"技术减少了稻田农药和化肥的施用，既节省了种水稻的成本支出，又可以逐步减少化肥与农药对环境的污染。稻田是蚊子的滋生地，鳖、小龙虾、鱼类不仅能吞食水稻的病害虫，而且能吞食蚊子的幼虫——孑孓。

此外，鳖、小龙虾还能大量消灭稻田中的螺类，特别是钉螺，从而大大减少血吸虫病的中间媒介，有利于南方血吸虫病的防治。在田块中设置诱虫灯，还可减少48.8%的昆虫量，从而使稻田及农村的卫生条件和生态环境得到改善，实现资源节约与环境友好。

5. 推进农业现代化

目前，搞单一的粮食生产，效益低。稻田的土地转让费一般

500～800 元/亩，单靠种植水稻，效益也只有 500～800 元/亩。而鳖虾鱼稻生态种养"三高"技术，其核心就是"粮食不减产，效益翻十番"，为土地流转创造了良好条件。只有通过土地流转，将分散的土地集中起来，将农民联合起来，实行区域化布局、规模化开发、标准化生产、产业化经营、专业化管理、社会化服务，才能不断提高稻田的综合生产能力，推进农业现代化。

二、鳖虾鱼稻共作的稻田准备

要求水源充足、水质优良，稻田附近水体无污染，旱不干、雨不涝，能排灌自如。稻田的底质以壤土为好，田底肥而不淤，田埂坚固结实不漏水。稻田不受洪水淹没，有毒有害物质限量符合《农产品安全质量　无公害水产品产地环境要求》（GB/T 18407.4）的要求。稻田的面积大小不限，有条件的以 30 亩一个单元为宜。

苗种放养前，稻田需进行改造与建设，主要内容包括：开挖环沟，加高、加宽田埂，建立防逃设施和完善进、排水系统，环沟消毒，种植水草，投放有益生物，遮阳棚的搭建等。

1. 开挖环沟

沿稻田田埂内侧 0.5～1.0 米处开挖供水生动物活动、避暑、避旱和觅食的环沟，环沟面积占稻田总面积的 8%～10%。一般面积在 30 亩以下的稻田，环沟宽 3.0～4.0 米，深 0.8～1.0 米；面积在 30 亩以上稻田，环沟宽 4.0～5.0 米，深 0.8～1.0 米；面积在 100 亩以上稻田，除开挖环沟外，稻田中间还可以开挖"十"字或"井"字形田间沟，田间沟宽 0.8～1.0 米，深 0.8 米。

2. 加高加宽田埂

利用挖环沟的泥土加宽、加高、加固田埂。田埂加高、加宽时，泥土要打紧夯实，确保堤埂不裂、不垮、不漏水，以增强田埂的保水和防逃能力。改造后的田埂，要求高度在 0.8～1.0 米（高出稻田平面），埂面宽不少于 2～3 米，池堤坡度比为 1：（1.5～2.0）。

3. 建立防逃设施

防逃设施可使用水泥瓦和砖等材料建造，其设置方法为：将水泥瓦埋入田埂上方内侧泥土中 40 厘米，露出地面 50 厘米，然后每隔 1.0 米处用一木桩（或竹桩）固定。如果用砖，则在四周田埂上方内侧建 50 厘米高的防逃墙，防逃墙要做成弧形，以防止鳖沿墙壁攀爬外逃。

4. 完善进、排水系统

进、排水系统建设要结合开挖环沟综合考虑，进水口和排水口必须成对角设置。进水口建在稻田地势较高一侧的田埂上，排水口建在沟渠最低处，由 PVC 弯管控制水位，按照高灌低排的格局，保证稻田能灌能排。

此外，进、排水口要用铁丝网或栅栏围住，以防养殖水生动物逃逸。也可在进出水管上套上防逃筒，防逃筒用钢管焊成，根据鳖的大小钻若干个排水孔，使用时套在排水口或进水口管道上即可。

5. 饵料台搭建

晒台和饵料台尽量合二为一，具体做法是：在环沟中每隔 20 米左右设一个饵料台，台宽 0.5 米，长 2.0 米，饵料台长边一端搁置在埂上，另一端没入水中 10 厘米左右。将饵料投在露出水面的饵料槽中。为防止夏季日光曝晒，可在饵料台上搭设遮阳篷。

6. 安装诱虫灯

根据所需要的诱杀虫类选择有效的诱虫灯。诱虫灯应安装在环沟中间的上方，使诱捕的虫蛾直接掉入水中，成为鳖和小龙虾的动物性饵料。

7. 稻田消毒

环沟挖成后，在苗种投放前 10～15 天，每亩环沟用生石灰 100 千克带水进行消毒，以杀灭环沟内敌害生物和致病菌，预防鳖、虾、鱼的疾病发生。

8. 移栽水生植物

围沟内栽植轮叶黑藻、伊乐藻、马来眼子菜等水生植物，或在沟边种植水花生，但要控制水草的面积，一般水草面积占渠道面积的 30%～40%，零星分布，避免聚集在一起，以利于渠道内水流畅通无阻，能及时对稻田进行灌溉。

9. 投放有益生物

在投放虾种前后，沟内再投放一些有益生物，如水蚯蚓（0.3～0.5 千克/米²）、田螺（8～10 个/米²）、河蚌（约 4 个/米²）等。投放时间一般在 4 月。既可净化水质，又能为小龙虾和鳖提供丰富的天然饵料。

10. 整田

整田采用围埂法，即在靠近环沟的田面四周围上一周高 20 厘米、宽 30 厘米的小田埂，将环沟和田面分隔开，防止水体互流。6 月 1 日前后开始用机耕船或其他方式整田。

三、苗种放养

1. 鳖种放养

鳖的品种宜选择纯正的中华鳖，该品种生长快，抗病力强，品味佳，经济价值较高。要求规格整齐，体健无伤，不带病原。鳖种规格建议为 500 克/只左右，这种规格的鳖种当年个体重量可达 1 250～1 500 克，当年便可上市。也可以投放 300 克/只左右的鳖种，在稻田中养殖 2 年后上市。

鳖种投放时间应视鳖种来源而定。土池鳖种可在 11—12 月或第二年 3—4 月的晴天进行投放，温室鳖种应在秧苗栽插后的 6 月中旬前后（水温稳定在 25 ℃左右）投放，放养密度在 100 只/亩左右。鳖种必须雌雄分开养殖，否则自相残杀非常严重，会严重影响鳖的成活率。由于雄鳖比雌鳖生长速度快且售价更高，有条件的地方建议全部投放雄性鳖种。放养时需用高锰酸钾溶液或盐水浸泡鳖，进行消毒处理。

2. 种虾放养

（1）亲虾的选择标准

① 颜色暗红或深红、有光泽、体表光滑无附着物；

② 个体大，雌雄性个体重都要在 35 克以上；

③ 要求附肢齐全、体格健壮、活动能力强。

这一标准为通用标准，广泛适用于稻田养殖、池塘养殖等所有人工养殖模式，凡符合此标准的就可作为亲虾。

（2）亲虾来源　从省级以上良种场和天然水域挑选，雌雄亲本不能来自同一群体，遵循就近选购原则。

（3）亲虾运输　挑选好的亲虾用不同颜色的塑料虾筐按雌雄分装，每筐上面放一层水草，保持潮湿，避免太阳直晒。运输时间越短越好，应不超过 10 小时。

（4）亲虾投放前　环形沟和田间沟应移植 30%～40% 面积的水生植物。

（5）亲虾投放　亲虾按雌、雄性比（2～3）：1 投放，投放时将虾筐浸入水中 1～2 分钟，再提起沥干，反复 2～3 次，使亲虾适应水温，然后投放在环形沟中。

初次种养的稻田可在 8 月下旬至 9 月上中旬，往稻田的环形沟中投放亲虾，每亩投放 20～30 千克，已种养过的稻田每亩投放 5～10 千克。

3. 虾种放养

虾种投放分两次进行。第一次是在稻田工程完工后投放。一方面小龙虾可以作为鳖的鲜活饵料，另一方面可以被养成成虾进行市场销售，增加收入。第二次虾种放养一般在 3—4 月，可投放从养殖场采购的 200～400 只/千克的幼虾，投放量为 50～75 千克/亩，也可在 8—9 月投放抱卵虾，投放量为 20～30 千克/亩。

虾种一般采用干法保湿运输，由于离水时间较长，放养前需进行如下操作：先将虾种在稻田水中浸泡 1 分钟，提起搁置 2～3 分钟，如此反复 2～3 次，让虾种体表和鳃腔吸足水分；然后用 3% 食盐水浸洗虾体 3～5 分钟；浸洗后，用稻田水淋洗 3 遍，再将虾种均匀取点、分开轻放到浅水区或水草较多的地方，让其自行进入水中。

4. 鱼种放养

"鳖虾鱼稻共作"模式中放养鱼种主要有两个方面的作用，一是为了充分利用水体并调节水质，二是为了给鳖提供部分活饵。因此宜选择一年多次产卵的鲫和少量鲢、鳙鱼种。6月，稻田整田插秧后，即可在环沟内投放少量鲫、鲢、鳙鱼种。

四、水稻栽培

稻田一般种植一季中稻，根据鳖规格及起捕季节，结合土壤肥力，选择合适的水稻品种，一般选择抗病虫害、抗倒伏、耐肥性强，可深灌且不需晒田的紧穗型品种。水稻的生育期最好在160天左右。

第一年应用该技术的稻田要施足底肥。肥料的使用应符合《绿色食品　肥料使用准则》（NY/T 394）和《肥料合理使用准则　通则》（NY/T 496）的要求。底肥一般为有机肥，要施好施足，保证水稻中期不脱肥，后期不早衰。插秧前的10~15天，每亩施农家肥200~300千克，均匀撒在田面并用机器翻耕耙匀。

一般在6月上旬开始栽插秧苗。为了水稻的高产，要充分利用边坡优势，做到控制苗数、增大穗。栽插时采取宽窄行交替栽插的方法，以便于水生动物在稻田间正常活动并提高稻田的通风透气性能。宽行行距为40厘米、株距18厘米；窄行行距为20厘米、株距为18厘米，以便于1千克左右的成鳖在稻田间正常活动。

当稻谷生长15天后，就要开始晒田，以控制稻谷分蘖，促进稻谷生长。晒田总体要求是轻晒或短期晒，即晒田时，使田块中间不陷脚，田边表土不裂缝和发白，以水稻浮根泛白为度。晒田结束后，应及时恢复原水位。不能晒得太久，以免导致环沟内水生动物因长时间密度过大而产生不利影响。

采用"鳖虾鱼稻共作"模式，水生动物的适应性和抗病能力很强，目前未见疾病发生的情况，但仍要注意坚持以预防为主，防重于治的原则。预防措施有：

① 苗种放养前，用生石灰消毒环沟，杀灭稻田中的病原体；

② 运输和投放苗种时，避免堆压造成苗种损伤；

③ 放养苗种时要进行消毒处理；

④ 饲养期间饲料要投足、投匀，防止因饵料不足使水生动物相互争斗影响成活率；

⑤ 加强水质管理，稻田定期加注新水，调节水质。

对水稻病虫害的防治一般采用物理方法结合生物方法，每10～20亩配一盏太阳能诱虫灯，以杀灭田中害虫。对水稻危害最严重的是褐稻虱，其幼虫会大量残食水稻叶子。每年9月是褐稻虱生长的高峰期，稻田里有鳖、虾、鱼等水生动物，只要将稻田的水位保持在20厘米左右，鳖、虾、鱼就会把褐稻虱幼虫的成虫吃掉，达到避虫的目的。

在10月中旬前后开始用收割机或其他方法进行稻谷收割，要求留茬40厘米左右，秸秆还田。应注意的是稻谷收割前要排水，排水时要将稻田的水位快速地下降到田面上5～10厘米，然后缓慢排水，促使小龙虾在小田埂上和环沟边掘洞，鳖全部进入环沟内。最后环沟内水位保持在50～70厘米，即可收割稻谷。

五、饲养管理

(一) 科学投喂

鳖为偏肉食性的杂食性动物，为了提高鳖的品质，所投喂的饲料应以低价的鲜活鱼或加工厂、屠宰场下脚料为主。可在4—6月向池中投放鲜活螺蛳，每亩投放100～200千克，也可在5—6月向田中投放抱卵亲虾或虾苗，给鳖提供活饵。

鳖种入池后即可开始投喂，日投喂量为鳖体总重的5%～10%，每天投喂1～2次，一般以1.5小时左右吃完为宜，具体的投喂量视水温、天气、活饵（螺蛳、小龙虾）等情况而定。饵料投放在饵料台上接近水面的位置。另外，在田埂上设置诱虫灯，既可防控水稻虫害，又能为鳖和小龙虾的生长补充营养丰富的天然动物性饵料。

需要特别注意的是鳖的投喂一定要科学合理。鳖如果不能均衡进食，其生长速度就会受到影响，严重时还会出现自相残杀的现象。

小龙虾食性很广，只要能咬动的东西它就可以吃，如植物性饲料（如豆类、谷类、蔬菜类、各种水生植物、无毒的陆生草类）和动物性饲料（如水生浮游动物、底栖动物、动物内脏、蚕蛹、蚯蚓、蝇蛆等）。研究表明，自然条件下，小龙虾主要摄食竹叶眼子菜、轮叶黑藻等大型水生植物，其次是有机碎屑，同时还有少量的丝状藻类、浮游藻类、水生寡毛类、轮虫、摇蚊幼虫和其他水生动物的残体等。

小龙虾的整个生长阶段的饵料以稻田内丰富的天然饵料如有机碎屑、浮游动物、水生昆虫、周丛生物、水草以及中稻收割后稻田中未收净的稻谷、稻蔸内藏有的昆虫和卵为主，适当补充投喂鱼糜、绞碎的螺蚌肉、屠宰场的下脚料等动物性饵料以及玉米、小麦、饼粕、麸皮、豆渣等植物性饵料。

饵料应均匀投放在环沟内的浅水区域，以利小龙虾养成集中摄食的习惯，避免不必要的浪费。饵料投喂量应根据天气、水质、小龙虾的生长阶段以及小龙虾的摄食情况灵活掌握。在小龙虾的生长期，如环沟内水草缺乏，每月应投一次水草，用量为150千克/亩。

鱼作为这一模式的搭配品种，不需要特别投喂饵料，鳖和小龙虾的残饵以及稻田内的生物都是它们的饵料。

（二）日常管理

根据水稻不同生长期对水位的要求，控制好稻田水位，适时加注新水，每次注水前后水的温差不能超过4℃，以免鳖生病（感冒）、死亡。高温季节，在不影响水稻生长的情况下，可适当加深稻田水位。要定期用生石灰对环沟进行泼洒消毒，以改善水质，消毒防病。经常检查养殖水生动物的吃食情况，对围栏设施和田埂，要定期检查，发现损坏，及时修补。做好各种生产记录。

稻田饲养水生动物，其敌害较多，如蛙类、水蛇、鼠类、水鸟以及肉食性鱼类等。放养前用生石灰清除敌害生物，用量为100千克/亩。肉食性鱼类，可在进水口用20目的长型网袋过滤进水，防止其进入稻田；蛙类，可在夜间进行捕捉；鼠类，可在稻田田埂上设置鼠夹、鼠笼等进行清除；鸟类，可在田边设置一些彩条或稻草人进行恐吓、驱赶。

水位的管理在整个生产过程中最为重要，应根据水稻不同生长期和鳖、虾、鱼对水位的要求，控制好稻田水位。3月，稻田水位控制在30厘米左右。4月中旬以后，水温稳定在20℃以上时，应将水位逐渐提高至60厘米以上，促进小龙虾的生长。6—9月根据水稻不同生长期对水位的要求，控制好稻田水位。6月插秧后，前期做到薄水返青、浅水分蘖；晒田复水后水位保持20厘米；高温期要求适当提高水位，保持20～25厘米。小龙虾越冬前（即10—11月）的稻田水位应控制在30厘米左右，使稻蔸露出水面10厘米左右，既可使部分稻蔸再生，又可避免因稻蔸全部淹没水下，导致稻田水质过肥缺氧，而影响小龙虾的生长。12月至第二年2月小龙虾在越冬期间，应控制水位在60厘米以上。

（三）捕捞

1. 鳖的捕捞

当水温降至15℃以下时，可以停止投喂饵料。一般到11月中旬以后，可以捕捞上市销售。收获稻田里的鳖通常采用干塘法，即先将稻田的水排干，夜间稻田里的鳖会自动爬上淤泥，这时可利用灯光照捕。平时少量捕捉法，可沿稻田边沿巡查，当鳖受惊潜入水底后，水面会冒出气泡，跟着气泡的位置潜摸，即可捕捉到鳖。此外，下地笼也是一种很好的捕捞方法。

2. 小龙虾的捕捞

3—4月放养的幼虾，经过2个月的饲养，5月就有一部分小龙虾能够达到商品规格。适时捕捞、捕大留小是降低成本、增加产量的一项重要措施。将达到商品规格的小龙虾捕捞上市出售，未达到规格的继续留在稻田内养殖，降低小龙虾的密度，促进小规格的小龙虾快速生长。小龙虾捕捞的方法很多，可用虾笼、地笼网、手抄网等工具捕捉。在5月下旬至7月中旬，采用虾笼、地笼网起捕，效果较好。地笼形状、大小可以各异，尾袋网目可以根据捕捞对象进行调整。捕捞规格在 100～200 只/千克虾种可用密眼尾袋。捕捞规格 30 克/只以上的商品虾，一般采用尾袋网目规格为2.5～3.0厘米的地笼。开始捕捞时，稻田不需排水，直接将虾笼置放于稻田及环沟内，隔几天转换一个地方，当虾捕获量渐少时，可将稻田中水排出，使虾落入环沟中，再于环沟中集中放笼。直至捕到的小龙虾下降到一定量（每条地笼捕虾量低于 0.4 千克），亲虾存田量每亩不少于 25 千克，确保留足繁殖的亲虾。

六、鳖的病害防治

1. 成鳖阶段疾病的防治

成鳖一般是指 200 克以上，当年放养当年可达商品规模的鳖，当然也包括亲鳖。除与稚、幼鳖共患的疾病外，主要危害成鳖的疾病有红脖子病、红底板病、腐皮病、出血病、洞穴病、肺化脓病、水蛭病、体内寄生虫病、肿瘤、水鳖等。病原有细菌、寄生虫，也可由饲料管理不当等非生物因素引起，其中出血病、洞穴病病因尚未明确。目前我国的成鳖养殖，大多是常温养殖，相对稚、幼鳖来说，成鳖疾病防治的特点介绍如下。

① 一般养殖成鳖的水体都较养殖稚、幼鳖的大。成鳖见人时，大多潜入池底，因此疾病不易在早期发现。当被发现时，病程已很长，病情也比较严重。

② 因成鳖池大，水体交换比稚、幼鳖困难，且成鳖摄食量大，投饵多，因此池底泥沙的污染程度比稚、幼鳖池高。这给常栖息于池底的成鳖造成了易被病原体感染、不利生存的环境。

③ 成鳖一般比稚、幼鳖的抗病力强，很少因某一疾病暴发，造成全池覆灭的现象。

④ 成鳖发病后，群体治疗比稚、幼鳖困难。

现将成鳖几种常见的疾病及其防治方法介绍如下。

（1）红脖子病 又名大脖子病、猪肥头症等。是成鳖养殖期间的一种最严重的疾病。

【病原】目前认为该病的病原是嗜水气单胞菌嗜水亚种。该菌为革兰氏阴性短杆菌。

【症状】

① 鳖的颈部充血红肿、伸缩困难是该病的主要症状。此外，有的病鳖腹甲出现多个大小不一的红斑，并逐渐溃烂，眼睛白浊，严重时失明，舌尖、口鼻出血。

② 解剖病鳖，口腔、食管、胃、肠的黏膜呈现明显的点状，斑块状，弥散性出血，肝脏肿大，有的表皮呈土黄色或灰黄色，有针尖大小的坏死灶；胆囊内充满胆汁，脾肿大。其中口腔黏膜弥散性出血占80%，胃肠黏膜出血占60%。

③ 病鳖对外界反应的敏感性降低，身体消瘦，不摄食或摄食甚少，行动迟缓，时而浮出水面，时而伏于沙地或有遮阳处，时而钻入泥中休息。病鳖大多在上岸晒背时死亡。

【诊断方法】首先根据病鳖的症状、病理变化和流行情况作出初步判断。确诊的方法是在无菌条件下，采集病死不久的鳖的肝脏、脾脏、肾脏、心血、胆汁等，涂片、固定，用碱性亚甲蓝和革兰氏染色法进行染色。若发现革兰氏阴性、两端着色较深的小杆菌，可初步认定为该病的病原菌。

将上述病原菌接种于血清琼脂培养基上，在30 ℃下培养24～48小时，长出灰白色的小菌落，将此菌落用生理盐水洗后与抗嗜水气单胞菌嗜水亚种的血清进行平板凝集试验，若呈阳性，则可确诊。

【发病规律】嗜水气单胞菌嗜水亚种是条件致病菌，广泛分布于自来水、食品、下水道、河水中，能引起鱼类、两栖类、爬行类和人类的疾病。在养殖密度高、水温变化大、水质差、鳖体受伤、突然变更饲料和饲养管理不善的状况下，鳖的抵抗力下降，极易引起红脖子病的发生。该病的流行季节在长江流域一带为3—6月，华北为7—8月，一般持续到10月中旬。该病流行温度在18 ℃以上。我国长江流域各省，以及天津、河北、河南均有病例报告。不同大小、年龄和性别的成鳖都能患病，死亡率可达20%～30%。

【防治方法】该病目前尚无特效药物和治疗方法，尽量做到早发现、早治疗；发现该病，可采取下列措施。

① 人工注射鳖嗜水气单胞菌灭活疫苗，或红脖子病病鳖脏器土法疫苗，增强鳖自身的免疫力。

② 每半月用 10×10^{-6} 大黄煮水带汁全池泼洒，连续 3 天有较好的预防作用。

③ 立即隔离病鳖。对病鳖个体，可进行注射治疗，治疗药物可选用庆大霉素、卡那霉素、链霉素等抗生素，注射量为每千克鳖20 万国际单位，轻者 1 次可治愈，重者注射 2～3 次。

④ 鳖池用 60～75 毫克/升的生石灰、3～4 毫克/升漂白粉泼洒，病重时连续 2 次，隔天 1 次。

⑤ 投喂药饵，控制病情发展，可采用土霉素、金霉素、磺胺类药物，按每千克鳖体重 0.2 克投喂，第 2～6 天减半。

⑥ 大黄按 10 克/米^3（水体）煎煮 2～3 小时后与 0.7 毫克/升硫酸铜溶液全池泼洒，连续 3 天。

（2）红底板病　又名赤斑病、红斑病、腹甲红肿病。有学者称此为气单胞菌症，有人将此病与红脖子病归于同一种病，但也有人认为其病原尚未完全弄清楚前，暂时将两者分开为好。

【病原】目前大多认为该病的病原为点状产气单胞菌点状亚种，为革兰氏阴性短杆菌。也有人认为，此病的病原体可能是一种病毒，还有人认为此病还可能存在着其他的病原菌。

【症状】病鳖腹部有出血性红色斑块，严重者溃烂，露出骨甲板，背甲失去光泽，出现不规则的沟纹，严重时出现糜烂状增生物，溃烂出血；病鳖口鼻发炎充血；病鳖停食，反应迟钝，一动不动地躺在池塘斜坡、晒台或食台上，极易捕捉，2～3 天后便死亡。

【诊断方法】目前仅能根据病鳖的外部症状进行诊断，底板有红色斑块、溃烂者，即可诊断为此病。

【发病规律】流行期是每年越冬后 4 月至 5 月中旬。该病的传染性极强，来势凶猛，暴发集中，对亲鳖的危害很严重，可导致成批死亡，发病率可高达 50%，死亡率可达 40%。该病发病原因可能是捕捉、搬运时鳖相互摩擦、抓咬、挤压受伤；或养鳖池底、坡岸尤其是晒背场或摄食场所粗糙，鳖爬行时腹部底板摩擦受伤，水质恶化或饲养条件恶劣会导致病原侵入，诱发此病。

【治疗方法】

① 避免伤残。在水泥池底铺放 7～10 厘米厚的细沙，晒背场及摄食场所尽量磨光，以减少腹甲摩擦损伤。

② 捕捉、搬运途中避免鳖腹部相互接触、挤压、摩擦，以防伤残。

③ 放养前，用生石灰清塘消毒，用量 100～150 千克/亩，有条件的最好注射疫苗进行免疫预防。

④ 发病季节用漂白粉全池遍洒，鱼鳖混养池浓度为 1 毫克/升，单养鳖池浓度为 2～4 毫克/升。

⑤ 遍洒生石灰，使其浓度为 40～50 毫克/升，保持池水呈弱碱性；同时定期加注清水，每次注水 3～5 厘米，保持池水清洁。

⑥ 对发病鱼池每立方米用 8～10 克大黄煎煮 2～3 小时，连渣带汁全池泼洒，同时辅以 0.7 毫克/升的硫酸铜溶液遍洒，效果更佳。

⑦ 对轻度感染者，用 30～40 毫克/升的土霉素浸浴 30 分钟；重者，按每千克鳖体重注射 20 万国际单位的硫酸链霉素，据报道，注射该药 3 天后，鳖恢复摄食，5 天后腹部红斑开始消退，7 天后痊愈。

⑧ 投喂药饵，在饵料中加入磺胺类药物，按每千克体重 0.2 克添加，第 2～6 天减半，发病早期治疗疗效较好。

⑨ 全池泼洒二氧化氯，使其浓度为 0.5～0.65 毫克/升，连续 3 天。

（3）腐皮病 又称皮肤溃烂病，大多是由于鳖相互搏斗咬伤后，继发性细菌感染所致。该病流行期长，发病率高，危害性大。

【病原】据报道，病原为气单胞菌、假单胞菌和无色杆菌等多种细菌，其中以气单胞菌为主要致病菌。

【症状】体表糜烂和溃烂是该病的主要症状，病灶部位可发生在四肢、颈部、背甲、裙边以及尾部。首先，体表某处皮肤发炎、肿胀，发炎处皮肤组织逐渐坏死，变成白色或黄色，接着患部形成溃疡，随着病灶的扩大、溃疡的增多与增大，肌肉与骨骼裸露；严重者，颈部骨骼露出，四肢烂掉，爪脱落。该病病程很长，如不发生继发性感染，多数病鳖能长期生存，也有一部分能自愈。但颈部感染者和病情严重者，大部分在短期内会死亡。目前只能根据外部症状和流行情况进行诊断。

【发病规律】该病常与疖疮病并发，主要出现于高密度囤养育肥的养殖池中，尤其是温室养殖池中延长至 150 天以后。发病率高，持续时间长，危害严重，患病的鳖池死亡率在 20%～30%；流行期为 5—9 月，贯穿于整个鳖的生长阶段，如果水温高，鳖的生长季节延长，该病的流行期也延长；7 月下旬至 8 月上旬是发病的高峰期；控温养鳖时全年均有发生。该病的发生与水温有极大的关系，一般水温在 20 ℃ 以上即可流行，水温越高，此病流行越严重。该病对 100～150 克的鳖危害最大。从南到北我国各个养鳖区都有此病流行，尤以长江流域一带严重。

【防治方法】

① 保证是健康的鳖下池，对于放养的鳖，要求骨甲平面肥厚，背甲呈黄褐色，腹甲呈乳白色或带浅红色，体健灵活，无病无伤，规格均匀。入池前用 2.0 毫克/升的高锰酸钾浸洗 30 分钟。

② 避免鳖相互撕咬受伤，放养时，要注意放养密度、雌雄比例、大小规格。

③ 保持水质清洁，坚持每隔 10～15 天用 2～3 毫克/升的漂白粉全池泼洒。

④ 定期投喂药饵，增强抵抗能力。

⑤ 第一天用 5 毫克/升的治霉灵加 5 毫克/升的鱼广灵全池泼洒；第二天用 0.3 毫克/升的二氧化氯全池泼洒；第三天用 0.5 毫克/升的二氧化氯全池泼洒，有较好的治疗效果；

⑥ 日晒疗法。将鳖池水放干，捞出全部鳖，用生石灰 50～60 千克/亩兑水全池泼洒，消毒曝晒一天后再将池水灌满。先将病鳖

在 20 毫克/升高锰酸钾溶液中浸浴 20 分钟，再放到湿润的河沙上晒背 30 分钟，然后至阴凉处，每天 2～3 次，连续处理 2 天，放回原地。

⑦ 漂白粉泼洒。对有症状的鳖，根据大小进行隔离饲养，每隔 5～6 天用 3～4 毫克/升漂白粉遍洒 1 次，反复 3～4 次，约 1 个月后放回原池。

⑧ 浅水泼洒。将池水放干至水深 25～30 厘米，然后用每平方米 40 克的土霉素粉泼洒，保持 2～3 天。

⑨ 注射给药或强制口灌给药。病重的鳖注射金霉素，按每千克体重注射 20 万国际单位，连续 2 天，第 2 天减半。或将抗生素类药物经口强制投喂，用量为按每千克体重用药 0.2 克，连续 2 天，第 2 天减半。

⑩ 投喂药饵。在饲料中加入土霉素、金霉素等抗生素或磺胺类药物，投喂方法按每千克鳖重，第 1 天用药 0.2 克，第 2～6 天减半，连续 2～3 疗程。

(4) 出血病　又称出血性败血症。

【病原】有学者认为该病病原主要是一种病毒。因为将病鳖的咽喉、肠、肝脏等组织研磨匀浆之后，经过滤细菌后的滤液仍能使健康的鳖致病；从咽喉群毛状小突起的病灶上进行细菌分离，未能检查出致病菌，却能从病鳖的其他部位分离出一种毒性很强的产气单胞菌，这种产气单胞菌是否是病毒入侵后造成的继发性感染，尚不确定。而有学者从患出血病的病鳖内脏组织中分离到一种嗜水气单胞菌，但作病毒的分离没有成功，因此认为该病的病原菌是细菌，由于其病原菌与鲢、鳙暴发性出血病相同，故将此病命名为出血性败血症。

【症状】出血是该病典型、基本的症状。病鳖的背甲和腹部底板出现直径 2～10 毫米大小的出血点或出血斑，并常伴有化脓或糜烂症状；颈部水肿，口、鼻流血，咽喉内壁及辅助呼吸器官的纤毛状小突起（亦称鳃状组织）严重出血，并有溃疡现象；肠道出血和肠黏膜溃疡，肝、肾出血性病变；病鳖行动缓慢，反应迟钝。

【诊断方法】目前仅能以外部症状作为诊断依据。一般具有严重出血症状的鳖可诊断患此病。

【发病规律】该病一般在饲养密度较高的鳖池暴发，流行期是6—8月，有时至9月上旬，7—8月是流行的高峰期。流行期水温20～32℃。流行区域主要是我国的长江流域。发病率为25%～30%。致死率为10.5%，病程一般只有3～7天。

【防治方法】由于该病可能存在细菌和病毒两种病原，所以治愈该病比较困难，一般采用综合法进行治疗。

① 严格检疫，严禁将带有病原的病鳖引入。

② 改良土质，加强饲养管理，定期投喂活鲜饲料，如动物肝脏等，以增强鳖的体质。

③ 制备土法出血病疫苗，对鳖进行免疫，增强鳖自身抵抗力，疫苗的注射量一般按每千克体重注射0.5～1.0毫升。

④ 病鳖在200毫克/升福尔马林液中浸浴10分钟后，逐只清除化脓性痂皮及溃烂组织，涂抹磺胺或红霉素软膏，口灌磺胺类药物或鱼服康（按每千克体重0.5克）。脱水连续治疗4天，一般可逐渐康复，原池需用4毫克/升漂白粉连续泼洒2次，有报道称此法治愈率可达97%。

⑤ 发病时用0.5毫克/升的二氧化氯全池泼洒，连续2～3次，同时口服根莲解毒散（病毒克星），按饲料量的1%～2%添加病毒克星于饲料中，搅拌均匀后投喂，每天1次，连喂5～7天。

⑥ 漂白粉与生石灰按常规浓度交替泼洒全池，也可达到控制病毒的作用。

(5) 穿孔病　又名洞穴病、烂甲病。

【病原】该病的病原目前尚不完全清楚。有人认为该病可能是由一种气单胞菌所致；又有人认为是非生物因素引起，如饲料腐败、饲养不良以及环境恶化；还有人认为是两者的共同作用，即在不良的生态环境下，鳖的病灶引起产气单胞菌的继发性感染。

【症状】发病初期，病鳖背、腹甲及裙边出现若干个疮痂，直径0.2～1.0厘米，周围出血，疮痂挑开后可见甲壳穿孔，穿孔处有脓状乳白症；未挑开的疮痂，不久便自行脱落，在原疮痂处留下一个个的小洞，洞口边缘发炎，轻压有血液流出，严重者可见内腔壁；目前只能根据外部症状予以判断。

【发病规律】流行期是 4—10 月，5—7 月是流行高峰期。在我国江苏、浙江、湖北、湖南等省都有此病发生。该病对成鳖养殖危害较大。室外流行期为 4—10 月，以 5—7 月为发病高峰期；温室中主要发生于 10—12 月，流行水温为 25～30 ℃。

【治疗方法】

① 饲养环境消毒，鳖池底质用 100～200 毫克/升生石灰或 10～20 毫克/升漂白粉消毒；养殖水用浓度为 $1×10^{-6}$ 强氯精或 2～4 毫克/升漂白粉消毒。

② 鳖体用 20 毫克/升高锰酸钾溶液浸泡 10～15 分钟。

③ 幼鳖在饲养阶段每月按体重 1.2%～2.4% 的比例投喂维生素 E 10 天左右。

④ 发现病鳖立即隔离治疗，病鳖可用 100 毫克/升土霉素浸泡 1～2 天，或用 30～40 毫克/升聚维酮碘浸泡 10～20 小时。

⑤ 发现此病时，第一天全池泼洒土霉素粉，使其浓度达 2.5 毫克/升；第二天用 0.5 毫克/升二氧化氯全池遍洒；第三天再用 2～5 毫克/升的聚维酮碘全池遍洒，连续三天，有较显著的治疗效果。

⑥ 饲养池用 $(40～50)×10^{-6}$ 生石灰泼洒 2 次，每隔 5 天 1 次。

⑦ 饲料中拌入磺胺类药物，用药量按每千克鳖体重 0.2 克，第 2～6 天减半。

⑧ 综合治疗。用清水洗净病鳖后，用干净的竹尖挑掉病鳖体表所有疖痂，用棉球擦干洞穴处，随即用红霉素软膏涂抹；同时注射卡拉霉素，按每 50 克体重注射 5 000 国际单位。

（6）肺化脓病　因常与眼病伴行，故有人亦称为肺化脓与眼病并发症。

【病原】初步认为该病是一种副肠道杆菌引起，属肠杆菌科。为革兰氏阴性小杆菌。

【症状】病鳖的眼球充血、水肿、下陷，并有豆腐渣样坏死组织覆盖于眼球上，双目失明；病鳖呼吸时头向上仰，嘴大张、呼吸困难；行动迟缓、呆滞，常栖息在岸边或食台上；食欲明显减退；病鳖肺呈暗紫色，有硬结节及囊状病灶。

【诊断方法】通过对病鳖眼睛症状的检查以及解剖后肺部的病灶检查进行初步诊断，进一步诊断需采取玻片压片后镜检观察，以及革兰氏染色判断，目前尚无血清学诊断手段。

【发病规律】流行季节一般在夏末与秋季，在池水污浊、气候干燥时较易流行，而在春季雨水多时则发病较少。

【治疗方法】

① 用生石灰或漂白粉彻底清塘和消毒；

② 全池泼洒氟哌酸粉，使其浓度达到 1.5～2.5 毫克/升，连续 2 次；

③ 在饲料中拌入土霉素、金霉素等抗生素药物，连续投喂 3～5 天即可。

（7）肿瘤　该病为一种脖子畸形病，其症状与我国台湾省学者所描述的鳖的肿瘤有些相同，故有学者将其命名为"肿瘤病"。

【病原】目前尚不清楚。有学者报告，病灶不是一种赘生物，而是由于肿块的溃烂所引起组织的肥大。

【症状】病鳖脖颈肥大，但不红肿，皮肤组织异常增生，出现疙瘩状的肉块，套在脖颈周围，以致其伸缩困难，甚至不能完全回缩到壳内；这种异常的肿瘤块有时也在四肢与腹甲连接处、尾部等处发现，病鳖四肢不能伸缩，行动十分困难。患此病的鳖反应十分迟钝，不食不动，不久便死亡。

【诊断方法】经光学和电子显微镜观察，病鳖的组织病理学变化为表层组织细胞肥大，胶原纤维不崩溃；色素细胞坏死，色素颗粒溃散；血管破裂，溃变的细胞浸入到皮下组织与肥大细胞交织在一起。根据目检，发现异常的组织增生块，即为该病。也可通过显微镜观察组织病理的变化进行确诊。

【发病规律】此病常年均可发现，但不常见，我国台湾省和长江流域一些养殖区曾发现此病。此病对养成期的商品鳖危害较大，可造成较高的死亡率。

【治疗方法】

① 注意操作，做到分级饲养，防止鳖体受伤。

② 在饲料中经常添加维生素 E，可减少该病的发生。

③ 一般采用的治疗措施是用手术方法将肿瘤切除，然后给病鳖注射链霉素或青霉素等。

（8）水鳖

【病原】水鳖是一生理性疾病，因鳖被强行滞留于水中，肺充水窒息而致。冬眠之后，正常情况下，鳖由鳃呼吸转为肺呼吸，大多时间均栖息在水外（如觅食、晒甲等），只有在受惊吓时，才会潜入水中，但每隔 3～5 分钟必须将吻端伸出水面呼吸，如果强制其在水中的时间过长（2～6 小时），因为惊慌挣扎，使其肺活量加大，气体交换量也随之增大，迫使在水中呼吸，便呛入大量的水进入肺中，出现水鳖现象。

【症状】病鳖外形有水肿块，体重增加 12%～15%。解剖后肺充水，体积增大 3～4 倍，血液因缺氧呈黑色，病鳖十分惧水（不敢再进入水中），惧水的病鳖一般静置 5～10 小时后即死亡。

【诊断方法】如果病鳖惧水、水肿，解剖后发现肺积水，血液呈黑色，即为此病。但此病要严格与某些传染性疾病（如红脖子病）和萎瘪所造成的水肿区别开来。

【发病规律】水鳖现象一般出现在冬眠之后，进行网捕或笼捕时；如果因药浴等其他原因，将鳖置于水下时间过长，也会导致此现象；另外，有些养殖户在运输鳖时采用活水运输，在运输途中由于颠簸，鳖受惊而不能出水呼吸空气也较易导致发生此病。

【治疗方法】

① 给鳖消毒时，应将鳖散置在药液中，切勿用网袋包装浸入药液中进行消毒。

② 起捕鳖时，应把装鳖的网袋、箱笼等放在水外。

③ 用网笼捕鳖时，应尽量缩短起网、起笼的间隔时间，也可

将笼顶部露出水面，避免水鳖症状的发生。

④ 忌带水运鳖。

⑤ 对症状轻微的病鳖，可将鳖头朝下，由鼻孔挤出呛入肺中的水，同时用拇指和食指捏住肺区的腹背部，有规律地挤压，进行人工呼吸，治愈率可达 30%～40%。

（9）水蛭病　水蛭病是一种体表寄生虫病，因其主要寄主是鳖穆蛭，故又被称为鳖穆蛭病，该病主要发生在商品鳖与亲鳖的养殖中。

【病原】引起水蛭病的寄主除了鳖穆蛭外，还有扬子鳃蛭。

【症状】水蛭寄生部位通常为鳖的四肢、四肢腋下、颈部、裙边以及体后缘处。这些部位常被大小不同的水蛭寄生，少则几条，多则数十条，呈零星状或群体状分布。鳖被水蛭寄生后，皮肤苍白多皱；食欲减退或停止摄食；鳖体消瘦、无力，四肢和颈部收缩能力减弱；反应呆滞，甚至不怕人，喜欢上岸而不愿下水。寄生数量不多时，鳖焦躁不安，常用口吃掉反颈能吃得到的水蛭；被水蛭寄生的病鳖因长期失血，血红蛋白减少，血液携氧能力减弱，使呼吸频率加快，心脏负担加重，导致心力衰竭。当缺血、缺氧不断加剧，体内营养消耗得不到补充时，病鳖就会死亡。被少量寄生的鳖，虽不会立即死亡，但会严重地影响鳖的生长和发育。被水蛭寄生导致的表皮组织的损伤，又会引起其他病原菌的继发性感染。此外，鳖穆蛭还是一些血液寄生虫的中间寄主，易使鳖患某些血液寄生虫病。

【诊断方法】蛭类很大，肉眼即可发现鳖体表寄生的虫体。具有吸盘，体分节是蛭类的主要特征。

【发病规律】本病四季都可以发生，但春末夏初较多流行，在我国各养鳖区都有发现。

【治疗方法】

① 提高鳖自身的抗病能力，方法是为其提供安静、向阳的晒背场地，利用日光杀死寄生于体表的水蛭。

② 鳖放养前，做好清塘杀灭水蛭工作，常用的药物有生石灰、

茶饼和氨水。

③ 利用水蛭喜欢附着于水生植物上的习性进行诱捕。如用水葫芦、水浮莲扎成把，洒上鳖血或其他动物的血后投入水中，待水蛭贴上把后，迅速捞起，捕捉并杀灭。

④ 根据蛭类在碱性环境不易生存的生理特点，提高池水的 pH 是杀灭水蛭的有效方法之一。常用的提高 pH 的方法是泼洒生石灰，使池水浓度为 40～50 毫克/升。根据病情，每 5～7 天进行 1 次。

⑤ 用下列药物全池遍洒，亦有一定的效果：90％的晶体敌百虫 1 毫克/升、硫酸铜 0.7 毫克/升、高锰酸钾 10 毫克/升等。

⑥ 将病鳖用 10％的氨水或 2.5％的食盐水浸浴 20～30 分钟。浸浴时，应注意水温；当水温很高时，适当降低药物的浓度或缩短浸浴的时间。

（10）体内实质器官寄生虫病　目前发现的鳖体内实质器官寄生虫病有输卵管炎、肠穿孔症、胆囊炎等。

【病原】输卵管炎是由螨类寄生引起；肠穿孔是盾腹吸虫寄生引起，后睾吸虫和单殖吸虫寄生是导致胆囊炎与胆汁混浊的原因。目前对此病的研究尚少，这些寄生虫的分类地位也还不明确。

【症状】当该疾病发生后，这些寄生虫吸取鳖体内相应的实质器官的营养，破坏鳖的组织和器官，使鳖不安，影响鳖的生长、生育和生存，严重时可导致鳖的死亡。

【诊断方法】取体内实质性器官进行目检和压片镜检，判断虫体类型，进行确诊。

【发病规律】该类寄生虫病大多在夏、秋两季发生，目前对鳖的危害还不十分严重。

【治疗方法】尚在研究之中。

2. 稚、幼、成鳖的共患疾病及防治

（1）疖疮病　又称为打印病，是鳖整个生长阶段，尤其是稚幼鳖生长阶段中一种危害较大的疾病。

【病原】病原是点状产气单胞菌点状亚种，属气单胞菌属的一种。

【症状】发病初期，病鳖的颈部、背腹甲、背腹裙边、四肢基部尤其是前肢基部和腹缘长有一个或数个芝麻大小至黄豆大小的疖疮，以后疖疮逐渐增大，向外突出，最终表皮破裂。此时用手挤压四周可压出黄白颗粒状或浓汁状的内容物，内容物中的某些黄色颗粒易碎，将其放入水中自行分散为粉状物。随着病情发展，内容物逐渐自行散落，疖疮自溃，形成一个空洞，但一般未到此地步时病鳖大多已死亡。疖疮出现后，病鳖全身不安，食欲减退或不摄食，鳖体消瘦，活动减弱或静伏食台，最后头也不能缩回，不能睁眼，衰弱死亡。有的病鳖则因病菌侵入血液，迅速扩散全身，呈急性死亡。

【诊断方法】该病的病理学特征是病鳖皮下、口腔、喉头、气管有黄白色黏液，肺充血，肝脏呈暗黑色或深褐色、轻度肿大、质脆，胆囊肿大，脾淤血，肾充血或出血，肠道空虚，有丝状充血，体腔有大量的液体。

【发病规律】该病的流行期是 5—9 月，若 10 月气温较高，仍会继续流行；发病高峰期是 5—7 月。温室养殖期间此病也会发生。该病流行的水温是 20 ℃以上，水温 30 ℃左右此病极易发生。目前在我国湖南、湖北、河南、河北、安徽、江苏、上海、福建等省（直辖市）已发现此病流行，该病对稚鳖到成鳖都能造成危害，但对稚鳖的危害较大。据报道，体重 20 克以下的鳖发病率为 10%～50%，如不及时治疗，病鳖 2 周左右就会死亡，2～4 龄的鳖死亡率也高达 20%～30%。

【防治方法】

① 坚持科学的饲养管理，保持良好的水域生态环境。该类病原属气单胞菌，是一种条件致病菌，常存在于鳖的皮肤、肠道内和其生存的水域环境中。环境条件良好时，鳖仅为健康带菌者，不会致病。而一旦条件恶劣，该类病原菌即会大量繁衍，并释放出各种毒素，导致疾病的暴发。因此，坚持科学的饲养管理能有效地预防该病。常采取的方法是控制养殖密度（商品鳖养殖以 2～3 只/米^2

为宜），按照大小规格进行分级饲养，注意雌雄搭配比例，杜绝带伤放养等。

②每半月用 2～3 毫克/升漂白粉或 30～40 毫克/升生石灰全池泼洒 1 次。

③保持良好的养殖水质。自然环境下的养殖，每 10～15 天换新鲜水 1 次，室内加温池每 2～3 天换水 1 次，使池水透明度保持在 30 厘米左右。

④内服外消综合治疗法。采取人工迫食的方式，按每千克鳖体重投喂盐酸甲烷土霉素胶囊 10 万国际单位或四环素 0.2 克；同时将池水调至 25～30 厘米深，用 40 毫克/升土霉素粉浅水药浴，连续 2～3 天。一般病情较轻者可以痊愈，较重者治愈率可达 70%。

⑤用 20～30 毫克/升二氧化氯溶液浸洗病鳖 15～30 分钟，用消毒后的牙签挑出疖疮内容物，然后在病灶处涂抹红霉素软膏，有较显著的疗效。

⑥将病鳖隔离，挤出病灶的内容物后以浓度 0.1%～0.2% 的利凡诺溶液浸浴 15 分钟；或用土霉素、四环素、链霉素等抗菌药物浸浴病鳖 30 分钟，药物浓度为每千克水 25 毫克。

⑦用 40 毫克/升土霉素浸浴病鳖 48 小时，连续反复数次。

（2）血簇虫病　血簇虫是一种寄生于鳖血细胞和肝细胞中的寄生虫。

【病原】中华鳖血簇虫病的病原主要有三种：中华血簇虫、湖北血簇虫和帽血簇虫。

【症状】血簇虫的大量寄生会引起鳖体不安，活动减弱，因其生理活动增强，导致鳖生长停滞，最终消瘦死亡。

【发病规律】该病的流行期是 5—9 月，血簇虫的裂体增殖与温度有很大关系，12 月至第二年 2 月，几乎没有裂体增殖的情形，直至 3 月以后裂体增殖活动才稍有发生，以后随着气温的升高，裂体增殖活动逐渐旺盛起来。中华血簇虫对中华鳖的感染率为 83.9%，感染强度最高可达 19.7%。

【治疗方法】目前尚无理想的治疗方法。预防措施主要是杀灭鳖穆蛭，切断中间感染的途径。

(3) 鳖锥虫病　鳖锥虫病是血液寄生原虫病。

【病原】锥体虫，属锥体科、锥虫属。

【症状】目前尚不清楚鳖锥体虫病的致病作用。但严重感染鳖锥体虫的鳖，有贫血现象。寄生数量不多时，不会对鳖引起很大的危害。

【发病规律】此病一般在夏、秋两季流行，在湖北等省有此病的报告。

【防治方法】目前尚无研究。

(4) 越冬死亡症　冬眠期，尤其是冬眠后，鳖的大量死亡，称为越冬死亡症，或称为苏醒死亡症、冬眠死亡症。

【致病原因】至今尚不清楚。估计有以下因素。

① 营养不良。后期（8月中旬或更晚）出壳的雌鳖，个体小，只经过短暂的摄食阶段，尚未积累充分的营养，就要进入漫长的越冬期，其抗病、抗冻能力十分差，因此冬眠期内和冬眠后就容易死亡。

② 亲鳖由于产后消耗大，体内营养未得到充分的补充，而冬眠期和冬眠后死亡的亲鳖几乎都是雌性，因此，人们认为，雌鳖在8—9月产下最后一批卵后，身体已极度疲劳虚弱，而随之而来的是气温逐渐下降，雌鳖的摄食能力降低，如果再加上投饲营养不充分，雌鳖的体质得不到完全恢复就要进入长达6～7个月的冬眠。冬眠后体重再减少10%～15%，这样它们的体质就更加虚弱，抗逆能力减退，容易感染死亡。

③ 越冬前或冬眠时受伤、受冻或者已被病原体感染的鳖可能在冬眠期内就死亡，即使有幸存活，也会在冬眠后短期内死亡。

④ 池中有害气体（如硫化氢、甲烷等）太多，引起鳖中毒。

⑤ 池塘泥沙深度不够，未能为鳖冬眠造成良好的越冬环境。

⑥ 病原体的侵袭和感染。

【症状】鳖体消瘦，背甲颜色呈深黑色，失去光泽，有时还呈现出肋骨的外形；鳖的裙边柔软不坚硬，并出现皱褶；鳖活力减弱，四肢乏力，用手拉住后肢，其回缩力极弱；摄食力差，常衰弱地躺在岸边与晒台上。

【发病规律】该病发生于 11 月至第二年 5 月中下旬鳖的越冬期或越冬后，死亡者大多是雌鳖和体重 10 克以下的稚鳖。该病在我国各地区都有发现，死亡率可高达 30％左右，严重影响了鳖养殖的经济效益。

【防治方法】

① 冬眠前的适温期进行强化培育，增强鳖的体质，一方面越冬前多喂些动物性饲料，尤其要加喂动物肝脏等；另一方面在配合饲料中添加水解乳蛋白和多种维生素。还可增加一些高脂肪的能量饲料，如鱼油、玉米油等，使其占饲料总量的 5％～6％。在越冬前水温 30℃左右时进行强化投饲，即每天投喂 2 次，上午、下午各 1 次，因为这段时间饲料利用率高，增肉率高，有利于增强鳖的体质。

② 秋后气温下降时进行一段时间的保温养殖，延长鳖越冬前的生长期。9 月底至 10 月底，水温降到 25℃以下时，采取适当的加温措施，使其增加到 30℃，保温养殖 1 个月，使鳖（特别是刚孵出不久的稚鳖和产卵后的雌鳖）积蓄较多的营养后进行越冬，可避免越冬后大批死亡。

③ 用生石灰清塘消毒。冬眠前，将鳖捕出，排干池水，按每 100 米² 10～12 千克生石灰全池泼洒，耕耘曝晒 3～4 天后将水加至 1.5 米深。毒性消失后可将鳖放入冬眠。

④ 加强冬眠期的管理。冬眠期严禁搅动池水，避免鳖受惊，干扰其冬眠；冬眠期严禁购鳖入池，以免冻伤；水温在 16℃以下时，不要清池盘点。

（5）氨中毒症　氨中毒症是由水质恶化和水质不良引起，故又被称为水质恶化或水质不良症。

【致病原因】当水中氨的浓度超过 100 毫克/升时，就会导致鳖氨中毒症发生。造成水中氨含量过高的原因主要有：

① 大量投饵，鳖的排泄物和残饵沉积在池中，腐败后产生大量的氨气。

② 在静水池和越冬温室，由于无法经常换水，造成水质恶化。

③ 注入的新水已被污染，或工业污水、施洒了农药的毒水进入了鳖池。

【症状】

① 病鳖四肢、腹甲出血或出现溃疡，或起水泡，严重时，甲壳边缘长满疙瘩，裙边溃烂呈锯齿状。

② 稚幼鳖阶段氨中毒后，腹甲变得柔软并充血发红，身体萎瘪，肋骨明显外露；背甲边缘逐渐向上卷缩，边缘呈刀削状，病鳖食欲缺乏，常趴在岸边不吃不动，稚幼鳖一旦患病便较难恢复，生长严重受阻，陆续死亡。

【诊断方法】根据水质和病鳖的症状进行判断。导致鳖氨中毒的水质为暗灰色，有异臭味，水体透明度低，悬浮物多。池底质淤泥厚，并发臭。

【发病规律】该病一般在夏天高水温时或冬天温室饲养池出现，在水体透明度低，投饲量大的鳖池更易发生此病。该病在我国各地都有发生，尤以长江流域一带严重。

【治疗方法】

① 保持池水的肥嫩、清洁，经常更换池水，及时清除残饵及排泄物；

② 每年或半年要清除一次池底的淤泥，补充新的泥沙，避免池底氨氮和亚硝酸盐的大量积累，在气温高时向池水中释放氨，造成氨中毒；

③ 杜绝污染水、有毒水流入鳖池。

④ 发现此病，全部更新水，一般10天左右可自愈。

（6）脂肪代谢不良症 脂肪代谢不良症又称饵料性疾病、营养不良症和脂肪代谢障碍等。该病发病率高，较普遍。

【致病原因】脂肪很难保存，在空气中容易氧化酸败，产生毒性。腐烂的鱼、虾肉，变质的干蚕蛹，霉变的动物性饲料等所含的脂肪大多已经变性和酸败。当投喂这些含有变质脂肪的饲料和脂肪含量较高的饲料后，就会导致所含的变性脂肪酸在鳖的体内积累，造成代谢机能失调，肝肾机能障碍，逐渐导致疾病。

【症状】鳖体浮肿或极度消瘦，颈部、四肢肿胀，表皮下出现水肿；病鳖外观变形，身体高高隆起，手拿有厚重感；病鳖外观失去光泽，甲壳表面和裙边形成褶皱，腹甲呈暗褐色，有较明显的灰绿色斑纹，病鳖偏食，摄食与活动能力均减弱，常浮于水面。患病后鳖的体质不易恢复，若急性发病，会逐渐转成慢性病，最后因停止摄食而死亡。如果未死，尚能忍耐低温，具有越冬能力。病情较轻时，外部症状不明显，但体内已出现明显的症状：剖开腹腔后，即能嗅到恶臭味；结缔组织将脂肪组织包成囊状，使其硬化，脂肪组织由原来的白色或粉红色变成土黄色或黄褐色，肝脏变成黑色，骨骼软化。病鳖的肉质恶化，失去原有的风味，商品价值明显降低。

【发病规律】该病的流行期为 6—10 月，7—8 月为发病高峰期；该病曾在日本和我国台湾省发生，我国其他各养鳖区亦有此病发生的报道。该病对摄食旺盛的成鳖危害严重，其发病率在 10% 左右。该病病程长，患病不死的鳖，商品价值明显降低。如果人误食，会影响人的健康。

【治疗方法】

① 夏季一定要投喂十分新鲜的饵料或人工配合饲料，饲料台最好设置在阴凉处，防止饲料在烈日下曝晒变质；

② 按照定时、定位、定质、定量的"四定"原则投饲，不投腐败变质或霉变的饲料；投饲可采取少量多次的方式，每次投喂量要控制在 2 小时内吃完，并及时清除未吃完的残饵；

③ 保持池水清洁，一旦发现此病，应及时更换池水；

④ 经常在饲料中添加维生素 E，既可防止饲料中蛋白质和脂肪氧化变质，又可促进鳖的性腺发育，添加的量为每 10 千克鳖体重添加 0.6～1.2 克，每天 1 次，连续投喂 15～20 天。

（7）营养不良病　鳖在人工养殖条件下，一般密度较高，且常采用人工配合饲料弥补天然饵料的不足，如果人工配合饲料中某种营养成分缺乏或过剩，不仅会影响鳖的生长，且饲料系数高，造成浪费，严重时还能导致鳖生病而死亡。

（8）鳖畸形病　目前对此病发生的原因尚无确切的结论，可能有以下两个方面：

① 水中含有的重金属盐类刺激，干扰鳖的正常发育而导致鳖的畸形。

② 某种营养物质微量元素缺乏，使鳖的正常生长发育受阻而产生畸形。

【症状】病鳖较正常鳖有严重的变形。有的病鳖背甲某一部分显著隆起，体长与体高的比例失调；有的四肢异位，不对称或大小不一；有的尾部呈现异常变化，病鳖除行动迟缓、不方便外，仍能正常摄食与活动，不会导致死亡，但病鳖商品价值大大降低。

【诊断方法】根据病鳖症状进行判断。背甲隆起者的畸形症要与脂肪代谢不良症相区别。前者是背甲某一部分显著增厚，给人以一种异样感；而后者则是整个鳖体增厚，给人以一种厚重感。

【发病规律】该病无明显的季节性。一般在新建立的养鳖场和新开的鳖池常有发生；受工业污染的天然水域也较常见。

【防治方法】鳖喜欢栖息于池底泥沙中，如果新开的鳖池含有较多重金属，浓度较大，就会被鳖吸收而导致畸形，因此在新开池里最好转入一部分老池淤泥，给鳖提供良好的生态环境。此外，新开的鳖池最好先养成鳖，1～2年后再养幼鳖。鳖的饲料应以动物性饲料为主，在使用配合饲料养鳖时，应多添加一些钙、磷等微量元素。

（9）冻、暑害　稚幼鳖甚至成鳖在越冬期间，特别是在露天鳖池越冬时，如果管理不善，很容易遭受冻害，引起鳖大批死亡。在盛夏季节，饲养池水的水温高达35℃以上，如果没有采取必要的防暑措施，鳖的食欲减退，摄食能力减弱，就会出现伏暑现象，引起暑害。这时，鳖的体质消瘦，抗病能力明显降低，易被病原体感染，引起疾病，有时还能直接造成鳖的死亡。

【冻害的防治】

① 加强越冬前的饲养。鳖在冬眠前的能量消耗主要是脂肪，因此冬眠前1～2个月应投喂脂肪含量高的饵料，如动物的内脏、大豆等。如果投喂人工配合饲料，可在饲料中添加3%～5%的植物油，以增加鳖体内脂肪的积累。对于稚幼鳖，还应注意强化培育，尽量使其具有较快的生长速度。

② 加强越冬前的准备。一般11月水温降到16℃时，鳖已停食，这时要做好越冬的准备工作，室外越冬要选择水位较深（1.5米以上）、向阳背风的池；室内越冬要在池底铺上30～40厘米厚的泥沙层，再注入10厘米左右深的水，漏水的池不宜作为越冬池。如果稚鳖的数量不多，可在缸、桶盆内装入细沙，蓄水越冬。

③ 加强越冬期间的管理。当稚鳖全部钻入泥潭中，可将池水放满，并在池顶上放竹帘，帘上铺一层20～30厘米厚的稻草保温。越冬期间，要保持适当的水温，一般控制在0～8℃；水温过高时，稚鳖新陈代谢旺盛，影响冬眠。越冬期间要经常观察水质、水位的情况。水位下降后应及时补充，每隔20～30天要调换部分池水，以防水质污染。

④ 越冬复苏前的处理。第二年4月，水温上升到16℃时，将池水放浅，留5～20厘米深的水让稚鳖自行出土。

【暑害的防治】

① 盛夏时适当地加深水位。

② 在池边搭棚遮阳，或在水面放养浮萍、水花生等水生植物，以便鳖有合适的避暑遮阳的场所。

③ 加注水温较低的新鲜水。

（10）伤残 伤残鳖易被病原菌继发性感染，如果将病菌传染给健康的鳖，则会造成更大的损失。

引起伤残的原因有以下几个方面。

① 捕捉和运输过程操作不当。

② 同池的鳖大小规格相差太大，雌雄比例不当及投饲不足导致鳖相互间斗殴。

③ 敌害的袭击。

应针对引起鳖伤残的原因采取适当的措施及时止损。发现伤残的鳖，一定要及时进行消毒和治疗，待康复后才可同健康的鳖一起饲养。

3. 几种鳖病并发症的防治

数种鳖病并发，是鳖病发生的特点之一。其原因包括以下几个方面。

① 鳖病病原体继发性感染普遍，前一种鳖病的发生，为后一种鳖病的感染创造了条件。

② 病程长，长久不愈的病症，为数种疾病的汇集提供了机会。

③ 由于对鳖病病原学研究较少，有些并发症是否为同一疾病的不同表现尚不能定论。

常见的并发症病害主要有以下几种。

(1)"疖疮病""腐皮病"并发症

【症状】该病最初由疖疮病导致。有些疖疮溃烂之后，炎症向四周扩散，病鳖背、腹甲皮肤，四肢，颈部以及尾部逐步肿胀糜烂，组织坏死变白、变黄，又呈腐皮病症状。随着疖疮的不断溃烂，皮肤腐烂加剧，以至肌肉与骨骼裸露，四肢脚爪脱落，病鳖拒食，衰竭，最终死亡。

【诊断方法】一般根据流行季节和体表疖疮病灶与皮肤溃烂等外部特征可作出初步判断。

【发病规律】该病在 6—9 月鳖的育肥生长季节流行，6—8 月是流行高峰期。水温在 25℃ 以上易流行该病，30℃ 左右时极易发生。主要危害 200 克以上的成鳖，500 克左右者发病率最高。不清洁、不消毒和投饵质量差、量不足的鳖池极易发病。长江流域为主要流行区。该病发病率高，危害较大，死亡率可达 30％ 左右。

【防治方法】可以采取科学饲养、药物预防和注射"腐皮""疖疮"病土法疫苗等措施。

① 病发早期。注射金霉素，一般每千克体重注射 20 万国际单位；口服药物，如土霉素粉、磺胺类药物等，一般每千克体重用药

0.2 克，4～6 天为 1 个疗程（从次日起用药量可减半）。

② 病发中期。应采取综合治疗的方法，各种治疗措施结合使用；对于病情较重的鳖，应隔离治疗，重点处理。

③ 病发晚期。已再无治疗的价值，应坚决剔除，避免成为病源传染其他的鳖，鳖池要用生石灰等消毒。健康鳖应投喂药饵，每隔 7～10 天用药 1 次，增强其抵抗力。

（2）"穿孔病""出血病"并发症

【症状】

① 病鳖背、腹甲长有白色的疮疤，用针挑开疮疤，可见黄豆大小的孔直通内脏，严重者背、腹甲部出现密密麻麻的出血点，用手轻压背甲，口鼻会出血。

② 解剖后可见与溃烂洞穴相接触的内脏出现水肿，肠内无食物，严重者肠道充血，肠黏膜脱落。

③ 病鳖消瘦，爬到食台上，不摄食，行动迟缓，反应迟钝。

【诊断方法】根据症状予以初步判断。

【发病规律】6—8 月是主要流行期，7—8 月是发病高峰期。主要危害成鳖。水温高，饲料不新鲜，水质恶化时极易发病。此病传染性极强。流行区域主要在湖北、湖南等长江流域的鳖养殖区。

【防治方法】保持良好的水质，投喂新鲜、营养全面的饲料。发现病鳖立即隔离，并对鳖池进行消毒处理。具体方法参照出血病和穿孔病的预防方法。

① 换水。将池水放干，用 10 毫克/升漂白粉溶液冲洗池子。冲洗时，将行动迟缓、消瘦的病鳖移出。然后用含 10 毫克/升漂白粉的水体进行饲养。每隔 3 天换水 1 次，直至完全控制病情。

② 投喂新鲜饲料。如河蚌，并辅以适量人工配合饲料。

③ 投喂药饵。饲料中拌入 5% 的捣碎大蒜和 0.1% 磺胺嘧啶，每天 2 次，连续投喂 4 天。

④ 隔离病鳖并进行药物治疗。对于病鳖一律隔离饲养，先用 20 毫克/升高锰酸钾浸浴 20～30 分钟，然后注射 10% 兽用磺胺嘧啶溶液，每 500 克鳖体重注射 0.5 毫升。隔离饲养时，投喂上述

药饵。

采取以上方法，一般 20 天左右即可控制病情。隔离病鳖的治愈率可达 93.9%。

（3）"白斑病""穿孔病"并发症

【症状】该并发症常由白斑病引起，经"鳃腺炎"到"穿孔病"。发病初期病鳖背部出现白点，慢慢由绿豆大小增至豌豆大小，且向四肢和尾部扩散，表皮坏死、溃烂剥离；此后部分病鳖颈部肿大、全身浮肿、口鼻出血，或者裙边萎缩，脖子缩入腹中，腹部红肿，背部出现流血斑点，并有溃烂现象，四肢肿大；最后在腹部前肢和后肢之间出现针孔大的孔眼，并流出黄色有臭味的脓液，逐渐扩大成一小洞穴。病鳖身体极为消瘦，常从水中爬到岸边，且对外界失去反应，体表变为黑褐色，毫无光泽，最终衰竭死亡。

【诊断方法】根据病症作出初步诊断。

【发病规律】5—11 月是该并发症的流行期。一般危害越冬之后的稚幼鳖，以 100～200 克的鳖最易感染，发病率可达 100%，死亡率为 25%～90%。该并发症流行区域较少，目前仅广东、海南等地有此病发生。鳖体受伤，池水水质恶化以及池水 pH 长期偏低是该并发症发生的原因之一。

【防治方法】

① 防止鳖体受伤。如发现受伤的鳖，立即用药物浸浴处理。

② 泼洒生石灰，提高池水的碱度；用量为 40～50 千克/亩，每 10～15 天 1 次。

③ 对池底泥沙消毒处理，放养前可放干池水，用 80～100 千克/亩的生石灰泼洒，或用 10 毫克/升漂白粉消毒。

④ 注意池水水质，经常换水和加注新水。

⑤ 首先在 20～30 毫克/升漂白粉液中浸浴 15 分钟，然后转入 40 毫克/升土霉素浸浴 3～4 小时，将病鳖捞出后，用 5% 磺胺嘧啶软膏涂抹病鳖；处理后的病鳖再放入已消毒处理的鳖池中（鳖池用 2 毫克/升漂白粉消毒，连泼 3 天，以后隔日 1 次，再泼洒 2 次）。此法治愈率可达 90%。

⑥ 对于病情严重的鳖，无法治愈，应立即剔除，进行无害化处理。

（4）鳖的敌害防治 鳖的敌害主要有老鼠、蛇类、蚂蚁、鸟类、蚊子等。主要危害鳖卵及 1 龄以下的稚幼鳖。对 1 龄以上、体质健壮的鳖危害甚少。老鼠对鳖卵危害最大。夜深人静是鳖产卵之良辰，老鼠也会趁机出洞，频繁活动于产卵场所，一方面干扰鳖正常产卵，另一方面在沙床上到处挖穴，引起鳖卵震动而致胚胎死亡。稚幼鳖也容易被老鼠围攻和捕食。一些体质差、反应较迟钝的成鳖，在伏岸休息时，也常是老鼠袭击的目标。老鼠食鳖时，首先咬住鳖颈部，继而将喉管咬断，掏出内脏，吸取生血和鳖肉，然后逃之夭夭。一旦遭鼠害，如不及时采取措施，一晚上少则咬死3～4只，多则几十只，尤其对稚幼鳖危害更大。其次是蛇类，蛇会挖掘泥沙，吞食鳖卵，对刚孵化蜕壳的稚鳖危害甚大。鸟类如鸬鹚、翠鸟等捕食稚鳖，有的鸟还可传播疾病。

【防治方法】

① 鳖卵孵化室壁和稚鳖池最好用水泥砖建造，不留洞穴，杜绝鼠、蛇。

② 孵化室周围建造防蚁沟，沟深、宽均约 10 厘米，沟内注水，防止蚂蚁进入室内。

③ 产卵场、孵化场以及稚鳖池周围经常用药饵毒杀老鼠、蛇，或放置诱捕器捕捉。

④ 经常用药喷杀蚊子。

⑤ 可张网阻挡鸟类。

第四章

模式分析

第一节　典型模式

一、湖北潜江稻小龙虾综合种养模式

2001 年，在湖北省潜江市小龙虾加工企业的带动下，小龙虾的市场需求越来越大，野生捕捞的小龙虾已不能满足市场需求，积玉口农民大胆试验，利用摞荒的低洼冷浸田对野生小龙虾进行饲养，当年取得了较好的经济效益，潜江市水产科技人员与积玉口农民一起，经过历时 4 年的探索，于 2004 年成功地总结出了虾稻连作技术，创造了"虾稻连作"潜江模式，即种一季稻，养一季虾。这种模式既解决了冬季低洼田摞荒的问题，又解决了水产品加工出口企业虾源不足的问题，同时也为农民开拓了一条发家致富的好途径，是一个一举多赢的好模式。

"虾稻连作"模式虽然为农民开辟了一条发家致富的好途径，是一个一举多赢的好模式，但是，无论是从稻田的综合利用，小龙虾的单位产量、经济效益，还是小龙虾的均衡供应上，都还有很大的开发和优化空间。

"虾稻连作"模式，是利用低湖摞荒稻田，开挖简易围沟放养种虾，使其自繁自养的一种原始的综合种养模式。由于湖北地区春季低温阴雨天气频繁，导致小龙虾没有达到商品规格，就要整田插秧，从而影响了小龙虾的商品规格、产量和效益，导致了养虾和种稻的矛盾。为解决这一矛盾，2010 年，在笔者的指导下，潜江市水产局成立了小龙虾创新团队，历时 3 年进行了"虾稻共作"试验，并取得成功。这种模式是通过开挖深沟、宽沟，加固、加高池埂，变一稻一虾为一稻两虾（或三虾），通过模式的升级、技术的更新，使效益成倍增加。

"虾稻共作"模式能充分利用稻田资源，将水稻种植、小龙虾养殖有机结合，通过资源循环利用，全程使用频振式诱虫灯，减少农药用量，达到小龙虾、水稻共同生长，产品品质同步提升的目的。实践证明，"虾稻共作"模式可亩产小龙虾 200 千克左右，亩平均利润 4 000 元左右，具有很好的稳粮增收效果和显著的经济、社会、生态效益。

借鉴"虾稻共作"养殖技术，潜江市探索出了很多种小龙虾养殖模式，如虾茭（茭白）共作、虾莲养殖、虾鳝混养、虾蟹鳜混养、虾鳜混养、小龙虾池塘养殖。各种养殖模式都取得了很好的经济效益。

到目前，潜江市小龙虾养殖面积 35 万多亩，其中"虾稻共作"面积 31.5 万亩，万亩连片基地 7 个，千亩连片基地 32 个；池塘养殖面积 2.5 万亩；其他养殖模式 1 万多亩。

二、湖北鄂州稻小龙虾综合种养模式

2006 年，鄂州市开始大面积开展稻田综合种养，经历了从无到有、从小到大、从普通到特色的发展之路，其模式为"虾稻共作"。2006 年，鄂城区泽林镇万亩湖农场余国清在笔者的指导下，率先在 120 亩稻田试养小龙虾，经过多年摸索，在 2010 年终获成功。近年来，通过试点示范和技术不断提升，该地区发展稻田养虾面积突破 11 600 亩。目前鄂州市形成了南以万亩湖小龙虾养殖合作社为辐射区、东以新桥水产养殖合作社为辐射区、西以扇子湖农场"虾稻共作"基地为辐射区的三足鼎立发展格局，全市稻田综合种养面积已发展到 8.2 万亩。

（一）地区分布

鄂州市位于湖北的东部，长江中游南岸。地处东经 114°32′—115°05′，北纬 30°00′—30°06′。鄂州市现有稻田面积 30

万亩，其中低洼湖田面积近 16 万亩（大多数为 20 世纪 70 年代围湖造田形成），适宜稻田综合种养面积达 20 万亩。鄂州市作为地级市，经济较为发达，人均收入在全省名列前茅，为发展稻田综合种养提供了经济基础。

（二）模式特点

该模式每亩收入比普通稻虾养殖提高 30％左右。目前全市稻田综合种养主要有两种模式。一是小龙虾稻田生态繁育模式，种养面积 20 000 亩，亩产小龙虾 100～120 千克，稻谷平均亩产 650 千克；其中 80％为苗种，20％为成虾。二是成虾种养，面积 60 000余亩，亩产成虾 120 千克左右，稻谷平均亩产 600 千克；其中 85％为成虾，15％为虾种。小龙虾稻田生态繁育模式苗种以保种为主，7—8 月适当补充外地亲虾，既避免近亲繁殖，又能保障繁育数量，每年捕捞从 3 月底至 5 月中旬，该模式为避灾模式，避开了小龙虾发病和水涝季节。2016 年，由于洪水灾害频发，成虾种养模式放种主要在 3—4 月，另外一种是在 7—8 月放亲虾，第二年 2月底至 7 月捕捞成虾，2 月底开始主要捕捞前一年放养的亲虾。鄂州市成虾养殖很注重 7—8 月补放亲虾。鄂州市稻田综合种养稻谷品种以黄华占、Y 两优 900 为主。

第二节　效益分析

一、经济效益

据统计，鄂州市稻小龙虾综合种养模式平均亩产小龙虾 100～120 千克，稻谷平均亩产 650 千克。每亩产值为 4 385～5 045 元。每亩纯利润 3 000 元左右。

二、生态效益

通过虾沟水渠改造、植被栽植与修复、减少农药和化肥使用，对生态环境起到了很好的保护作用。科学合理地利用当地的资源，既保证了稻谷的产量，同时也为小龙虾提供了良好的生态环境。通过稻田养殖小龙虾，还有效地防止了稻飞虱的发生。稻草的还田，使大量有机质转换为小龙虾饵料，增加了小龙虾产量，改变了过去焚烧秸秆的传统习惯，保护了环境。

三、社会效益

稻小龙虾综合种养模式，为当地农民探索出增收致富的可靠途径，为鄂州市推行生态农业提供了典范，特别是稻田小龙虾生态繁育养殖模式的推广，为全省稻小龙虾综合种养提供了范例，解决了小龙虾苗种生产的"瓶颈"问题。

第五章

典型案例

一、姚勇的"虾稻共作"实践

(一) 基本信息

姚勇，湖北省潜江市积玉口镇直属村人。现有种养面积 52 亩，分成 3 个片块采取"虾稻共作"模式。他通过 14 年探索与积累，掌握了一套成熟的"虾稻共作"种养技术，是本镇的科技示范户，辐射带动周边 100 多个养殖户，辐射面积 1 000 多亩。

(二) 技术要点

(1) 稻田条件　选择水源无污染、水量充足、水质好、排灌方便、交通便利的地方开展养殖，稻田以 20～30 亩为宜，田埂上建防逃网。

(2) 水草移栽　10 月移栽水草，株距 3 米，行距 5 米。

(3) 饲养管理　一般 3 月中旬水温升高时，开始投喂，早期投喂蛋白含量高的饲料，以后可逐渐降低饲料蛋白含量。

(4) 病害防治　小龙虾病害防治应遵循以防为主、防治结合的原则。冬、春季主要预防青苔，可适当肥水或用"护草青苔净"，也可选择在晴天用生石灰；4—6 月主要预防白斑综合征，每 10～15 天用生石灰、二氧化氯、聚维酮碘等交替使用预防。

(5) 清除野杂鱼　6 月或 9 月用茶饼除野杂鱼。

(6) 适时捕捞　4 月初就可开始捕捞销售，捕大留小，到 8 月捕小留大。

(三) 经济效益

2015 年有充足存塘虾，所以 2015 年按 10 千克/亩补投虾种

520 千克，费用 25 280 元。2016 年田租费 50 000 元，水稻种 12 000 元，购买饲料费用 68 000 元，水电费 1 500 元，耕作、插秧收割、管理费 32 000 元，总计花费 193 780 元，实现销售收入 470 000 万元，总利润 276 220 元，每亩利润 5 312 元（表 5-1）。

表 5-1 2016 年经济效益情况

项目	品种	金额（元）	合计金额（元）
收入	虾	320 000	470 000
	稻	150 000	
支出	虾种	25 280	193 780
	稻种	12 000	
	田租①	50 000	
	基建（沟、防逃、哨棚、水电等）	1 500	
	工资（耕作、插秧收割、管理）	32 000	
	饲料	68 000	
	其他	5 000	
总利润		—	276 220
每亩利润		—	5 312

注：①田租可按租田总费用分摊计算。

二、张仁权的"虾稻共作"实践

（一）基本信息

张仁权，湖北省潜江市积玉口镇直属村人。从事稻田养虾 10 年，现有"虾稻共作"种养面积 30 亩。取得了较好收益，亩平均产小龙虾 183.5 千克，亩产水稻 700 千克。

（二）技术要点

同姚勇的"虾稻共作"实践中的技术要点。

（三）经济效益

2015 年有充足存塘虾，所以 2015 年按 5 千克/亩补投虾种 150

千克，费用5 400元。2016年田租费30 000元，水稻种6 900元，购买饲料费33 400元，基建费1 500元，耕作、插秧收割、管理费18 460元，其他3 000元。总计花费98 660元。实现销售收入277 960万元，利润17 930元，每亩利润5 977元（表5-2）。

表5-2　2016年经济效益情况

项目	品种	金额（元）	合计金额（元）	备注
收入	虾	220 000	277 960	
	稻	57 960		
支出	虾种	5 400	98 660	
	稻种	6 900		
	田租①	30 000		
	基建（沟、防逃、哨棚、水电等）	1 500		
	工资（耕作、插秧收割、管理）	18 460		
	饲料	33 400		
	其他	3 000		
总利润		—	179 300	
每亩利润		—	5 977	

注：①田租可按租田总费用分摊计算。

三、涂先柱的池塘养虾实践

（一）基本信息

涂先柱，湖北省潜江市龙湾镇冻青垸村三组农民，现有养虾池塘2口，养殖水域面积30亩，从事池塘养虾5年。2012年涂先柱在本村科技示范户王德荣的带领下开始从事池塘养虾，通过请教市水产专家和有经验的养殖户，养殖技术日臻成熟，养殖效益逐年见好，2016年效益可观，小龙虾亩平均销售收入过9 000元，亩平均利润7 399元，如今，涂先柱也成为龙湾镇渔业科技示范户。

（二）技术要点

（1）池塘条件　选择水源无污染、水量充足、水质好、排灌方便、交通便利的地方开展养殖，池塘以 10～20 亩为宜，距池底 1.5～1.8 米处建防逃网。

（2）饲养管理　惊蛰后水温升高，即可投饲，早期投喂蛋白含量高的饲料，以后可逐渐降低饲料蛋白含量。

（3）病害防治　小龙虾病害防治应遵循以防为主、防治结合的原则。冬、春季主要预防青苔，可适当肥水或用"护草青苔净"，也可选择晴天用生石灰点杀；4—6 月主要预防白斑综合征，平时可用生石灰、二氧化氯、聚维酮碘等预防；养殖季节用茶饼清除野杂鱼。

（4）适时捕捞　4 月初就可开始捕捞销售，注意捕大留小，到 8 月捕小留大。

（三）养殖管理

（1）水草管理　池塘水草给小龙虾提供了良好的栖息环境，有利于小龙虾的生长。

（2）水质调节　小龙虾对水质有较高要求，要勤换水，用微生物制剂调水。

（3）日常管理　勤巡塘、勤观察，发现问题及时处理。死虾捞起后进行无害化处理。

（四）具体养殖中遇到的问题

2016 年 7 月下旬至 8 月持续高温，池塘水温高达 37 ℃，伊乐藻死亡腐烂，败坏水质，造成小龙虾缺氧，死亡 100 多千克，后期池塘水体缺草，影响小龙虾的品质和产量。以后要吸取教训，高温期池塘要加深水位，尽可能降低池水温度，管理好水草。

（五）经济效益

涂先柱的两口池塘（共 30 亩），一口是自己的责任地，无需租金，另一口是转包别人的责任田，年租金 4 000 元。两口池塘均是养虾老池，有充足的存塘虾和水草，所以 2016 年没有投放虾苗，也没有移植水草。2016 年建防逃网花费 2 400 元，购买捕捞用地笼花费 3 060 元，购买饲料费用 44 000 元，渔药 3 600 元，水电费 980 元，总计花费 58 040 元，实现销售收入 28 万元，利润 221 960 元，每亩利润 7 398.7 元（表 5 - 3）。

表 5 - 3 2016 年经济效益情况

项目	品种	金额（元）	合计金额（元）	备注
收入	虾苗	35 000	280 000	
	成虾	245 000		
支出	虾苗	0	58 040	
	渔药	3 600		
	田租	4 000		
	基建（防逃、地笼、水电等）	6 440		
	工资（耕作、插秧收割、管理）	—		
	饲料	44 000		
	其他			
总利润		—	221 960	
每亩利润		—	7 398.7	

四、鄂州市几位农民的"虾稻共作"实践

（一）鄂城区泽林镇万亩湖农场余国清

1. 基本信息

余国清，鄂城区泽林镇万亩湖农场万亩湖小龙虾养殖专业合作社社长，种养面积 3 000 亩。

2010 年余国清率先在 120 亩田地里开展稻小龙虾综合种养，当年获得成功，每亩效益超过单一种稻的 2 倍。在此基础上，他与其他 8 位农民成立了鄂州市第一个小龙虾养殖合作社，稻小龙虾综合种养示范面积达到 2 000 余亩。2010 年以来，余国清和他的合作社利用当地丰富的稻田资源，积极探索稻田综合种养新模

式，带领大家摸索出一套符合生态农业、循环农业的"虾稻共生"的鄂州养殖新模式，即"一季稻三季虾，经营主体不分家"的养殖经营模式。该模式充分利用稻田综合资源，创造适合虾种自然繁殖和生长的最佳条件。在种植一季中稻的同时，可出产虾苗、成虾、亲虾三类虾，实现了虾种、成虾和稻谷的生产与经营的有机结合，实现了小龙虾生态繁育、农民持续增收的可循环发展。合作社在省、市水产科技人员的支持下，总结出小龙虾稻田生态繁育技术，并形成全国首个小龙虾生态繁育地方标准《克氏原螯虾稻田生态繁育技术规范》。在 2013 年 11 月 19 日农业部主持召开的全国稻田综合种养技术示范项目推广总结会上，鄂州万亩湖小龙虾生态繁育模式被列为农业部主推项目之一。由于该模式技术的新颖性和创造性，省科技厅 2013 年年度查新报告显示，鄂州市万亩湖小龙虾合作社开展的小龙虾稻田生态繁育技术达到国内同行领先水平，已成为鄂州市稻田种植业与水产养殖业有机结合、促进农民增收致富的新途径，鄂州市由此成为湖北省乃至全国小龙虾生态苗种重要生产基地。

2. 经济效益

放养和收获情况见表 5 - 4，经济效益情况见表 5 - 5。

表 5 - 4　2016 年放养和收获情况

品种	放种			收获		
	时间	平均规格（克/只）或（克/尾）	放养量（千克/亩）或（尾/亩）	时间	平均规格（克/只）或（克/尾）	收获量（千克/亩）
小龙虾	7—10 月	15～35	6	4—5 月	（成虾）35	17.5
					（虾种）5	87.5
稻	6 月 10 日前后	—	1.15	10 月中旬	—	700

表 5 - 5 2016 年每亩经济效益情况

项目	品种	单价（元/千克）	金额（元）	合计金额（元）	备注
收入	小龙虾虾种	22	1 925	4 550	表格是按照正常年份统计，2016 年受灾，稻谷受到影响，产量平均 500 千克左右
收入	小龙虾成虾	46	805	4 550	
收入	稻	2.6	1 820	4 550	
支出	虾种	25	150	1 146	
支出	稻种	100	115	1 146	
支出	田租	—	350	1 146	
支出	基建（沟、防逃、哨棚、水电等）	—	60	1 146	
支出	工资（耕作、插秧收割、管理）	—	406	1 146	
支出	饵、肥料	—	40	1 146	
支出	其他	—	25	1 146	
每亩利润		—	—	3 404	

（二）泽林镇丰源水产养殖专业合作社程细楚

程细楚，泽林镇丰源水产养殖专业合作社社长，稻田面积 598 亩，养殖环境和条件同姚勇的"虾稻共作"实践。

2016 年放养和收获情况见表 5 - 6，每亩经济效益情况见表 5 - 7。

表 5 - 6 2016 年放养和收获情况

品种	放种			收获		
	时间	平均规格（克/只）或（克/尾）	放养量（千克/亩）或（尾/亩）	时间	平均规格（克/只）或（克/尾）	收获量（千克/亩）
成虾	7—10 月	27.8	32.6	3—5 月	（成虾）35～40	30
虾种	—	—	—	—	（虾种）5	120
稻	6 月 10 日前后	—	1.25	10 月中旬	—	650

表5-7　2016年每亩经济效益情况

项目	品种	单价（元/千克）	金额（元）	合计金额（元）	备注
收入	小龙虾虾种	21.8	2 620	5 560	表格是按照正常年份统计，2016年受灾，稻谷受到影响，产量平均500千克左右。2016年池塘改为稻虾种养，基建投入大
	小龙虾成虾	46	1 380		
	稻	2.4	1 560		
支出	虾种	23	749.8	3 228.8	
	稻种	100	125		
	田租	—	329		
	基建（沟、防逃、哨棚、水电等）	—	1 675		
	工资（耕作、插秧收割、管理）	—	200		
	饵、肥料	—	100		
	其他	—	50		
每亩利润		—	—	2 331.2	

（三）长港镇海平小龙虾养殖专业合作社陈海平

陈海平，鄂州市长港镇海平小龙虾养殖专业合作社社长，稻田面积2 600亩，其他同上。

2016年放养和收获情况见表5-8，每亩经济效益情况见表5-9。

表5-8　2016年放养和收获情况

品种	放种			收获		
	时间	平均规格（克/只）或（克/尾）	放养量（千克/亩）或（尾/亩）	时间	平均规格（克/只）或（克/尾）	收获量（千克/亩）
小龙虾	3—4月	5	20	4—7月	25～40	101
稻	7月初	—	1.5	10月底	—	600

表 5 - 9　2016 年每亩经济效益情况

项目	品种	单价（元/千克）	金额（元）	合计金额（元）	备注
收入	小龙虾	25	2 525	4 085	表格是按照正常年份统计，2016年受灾，稻谷受到影响，产量平均450千克左右
	稻	2.6	1 560		
支出	虾种	26	520	1 410	
	稻种	100	150		
	田租①	—	150		
	基建（沟、防逃、哨棚、水电等）	—	30		
	工资（耕作、插秧收割、管理）	—	330		
	饵、肥料	—	120		
	其他	—	110		
每亩利润		—	—	2 675	

注：①田租可按租田总费用分摊计算。

（四）长港镇天水来农业专业合作社李天水

李天水，鄂州市长港镇天水来农业专业合作社社长，稻田面积1 800 亩，其他条件同上。

2016 年放养和收获情况见表 5 - 10，每亩经济效益情况见表 5 - 11。

表 5 - 10　2016 年放养和收获情况

品种	放种			收获		
	时间	平均规格（克/只）或（克/尾）	放养量（千克/亩）或（尾/亩）	时间	平均规格（克/只）或（克/尾）	收获量（千克/亩）
小龙虾	3—4 月	6	25	4—8 月	35	105
稻	6 月 20 日左右	—	3.5	10 月中旬		500

表 5-11　2016 年每亩经济效益情况

项目	品种	单价（元/千克）	金额（元）	合计金额（元）	备注
收入	小龙虾	26	2 730	4 030	表格是按照正常年份统计，2016 年受灾，稻谷受到影响，产量平均 450 千克左右
	稻	2.6	1 300		
支出	虾种	24	600	1 368	
	稻种	18	63		
	田租①	—	150		
	基建（沟、防逃、哨棚、水电等）	—	35		
	工资（耕作、插秧收割、管理）	—	200		
	饵、肥料	—	210		
	其他	—	110		
每亩利润		—	2 662		

注：①田租可按租田总费用分摊计算。

（五）鄂州市泽林镇兴发种养殖农民专业合作社张育平

张育平，鄂州市泽林镇兴发种养殖农民专业合作社社长，稻田面积 240 亩，其他条件同上。

2016 年放养和收获情况见表 5-12，2016 年每亩经济效益情况见表 5-13。

表 5-12　2016 年放养和收获情况

品种	放种			收获		
	时间	平均规格（克/只）或（克/尾）	放养量（千克/亩）或（尾/亩）	时间	平均规格（克/只）或（克/尾）	收获量（千克/亩）
成虾	11 月	25～40	20	3 月下旬	35	50
虾种	—	—	—	3 月下旬至 5 月中旬	5	50
中华鳖	—	500	7.5	12 月底	1 000	15
鱼	1 月	400	15	12 月	2 000	30
稻	6 月上旬	—	0.75	10 月 20 日	—	650

表 5－13　2016 年每亩经济效益情况

项目	品种	单价（元/千克）	金额（元）	合计金额（元）	备注
收入	小龙虾成虾	48	2 400	7 758	表格是按照正常年份统计，2016年受灾，稻谷受到影响，产量平均 550 千克左右
	小龙虾虾种	22	1 100		
	鱼	5.6	168		
	中华鳖	160	2 400		
	稻	2.6	1 690		
支出	虾种	48	960	2 991.6	
	鳖种	80	600		
	鱼种	6	33.6		
	稻种	100	75		
	田租①	—	240		
	基建（沟、防逃、哨棚、水电等）		200		
	工资（耕作、插秧收割、管理）		583		
	饵、肥料		120		
	其他		180		
每亩利润		—	—	4 766.4	

注：①田租可按租田总费用分摊计算。

五、发展经验（以万亩湖小龙虾养殖专业合作社为例）

1. 生产市场经营

万亩湖小龙虾养殖专业合作社目前入社社员 178 户，为了吸纳更多的农民走合作发展之路，合作社采取灵活的方式，便于农户参与其中。根据部分虾农要求入社，而又无资金的实际情况，合作社允许虾农以田地拆股入社，年终根据效益分红，与此同时，为了便于集中开发，走规模发展之路，合作社于 2013 年，在各级政府及县直相关部门的大力支持下，积极争取到各种项目 6 个，项目总资金 2 800 余万元，对万亩湖地区进行综合开发，扩大生产基地以及交易市场规模，基本实现了项目区园林化、规模化、集约化，确保了稻虾系列产品品质，提高了市场的知名度，为今后区域经济的发展奠定了坚实的基础。虾种产品除供应潜江、天门、仙桃、黄石、黄冈、武汉等成虾主产地外，还远销湖南、安徽等地。"虾稻共生，钱粮双增""家家户户养虾，虾富家家户户"成为当地农民的口头禅。为更好地规范合作社生产与经营活动，合作社全面实行"五个统一"，即统一生产技术规范、统一投入品配送、统一市场销售、统一产品质量标准、统一财务结算管理。

2. 品牌建设

万亩湖小龙虾养殖专业合作社于 2014 年 8 月获得虾稻有机产品认证，其中"洋泽湖"牌有机大米畅销省内外。

3. 发展机制

为了保障小龙虾种业健康发展，维护和稳定广大虾农生产积极性，争创国家级小龙虾良种场，鄂州市泽林镇万亩湖小龙虾养殖合作社成立鄂州市万亩湖小龙虾种业科技发展有限公司，以利于小龙虾种业的规范化建设与发展。

参 考 文 献

马达文，2017. 小龙虾高效养殖新技术有问必答 ［M］. 北京：中国农业出版社.

马达文，钱静，刘家寿，等，2000. 稻渔综合种养及其发展建议 ［J］. 中国工程科学，18（3）：96-100.

马达文，2000. 稻养殖乌龟甲鱼 ［M］. 北京：科学技术文献出版社.

唐建清，2016. 小龙虾高效养殖致富技术与实例 ［M］. 北京：中国农业出版社.

陶忠虎，邹叶茂，2014. 高效养小龙虾 ［M］. 北京：机械工业出版社.

稻小龙虾综合种养

小龙虾性腺

抱卵虾

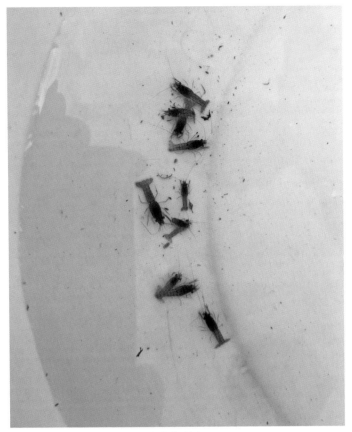

小龙虾幼虾

小龙虾"打"的洞

洞中的小龙虾

收获的小龙虾

已孵出虾苗的抱卵虾

雄　虾

雌　虾

病　虾

"虾稻共作"模式

田间小田埂

稻田工程开挖

稻田工程完工

稻田工程成型

稻田进水口

稻田排水口

防逃设施

稻田中的小龙虾

环　沟

稻田的田间沟